KB154925

오감으로 배우는 **서양조리**

양식조리기능사 시험문제 수록

# 오감으로 배우는 서양조리

주나미 · 백재은 · 윤지영 · 정희선 지음

교문사

# PREFACE

현대를 살아가는 우리에게 '서양음식'은 서양에서만 먹을 수 있는 음식도 아니고, 서양 사람들만 좋아하는 음식도 아닙니다. 우리가 쉽게 접할 수 있고 익숙한 음식이지만 그 시작이 지구 반대편인 서양에서 비롯된 음식이기에 이를 우리 음식과 구분하여 '서양음식'이라고 부르고 있는 것입니다. 이와 같이 우리가 쉽게 접할 수 있고 친숙한 음식이기는 하지만 시작점이 다르기 때문에 우리 음식과 식사예법, 식재료 이용, 조리 방법 등 다른 점이 있으므로 이에 대한 체계적인 교육은 필요하다고 하겠습니다. 이에 이 책은 여러 학교에서 서양조리를 담당하고 있는 집필진들이 현장 교육의 경험을 바탕으로 서양요리와 관련된 이론과 실기의 핵심적인 면만을 간추려 집필하게 되었습니다.

책은 구성면에서 5개의 CHAPTER로 나누었습니다.



CHAPTER 1에서는 전문적으로 서양요리를 접근할 수 있도록 우리나라에 서양요리가 도입된 배경과 서양요리의 전반적인 특징을 다루었고 CHAPTER 2에서는 서양요리의 준비 단계에서 기본적으로 알아야 할 도구, 채소 썰기, 스파이스와 허브, 스톡과 소스 등을 다루었으며 CHAPTER 3에서는 음식을 테이블에 프레젠테이션하기 위해 필요한 이론을 다루었습니다. 또한 CHAPTER 4에서는 최근 트렌드에 맞는 맛있는 서양요리를 수록하였으며 CHAPTER 5에서는 양식조리기능사 자격증 실기시험에 필요한 사항을 조리과정과 함께 상세히 수록하였습니다.

음식을 평가할 때는 음식의 고유한 맛뿐만 아니라 테이블 웨어, 테이블 리넨, 커트러리 등의 조화가 이루어져야 하기 때문에 맞추어 그릇의 선택, 곁들여지는 소품, 사진 작업에도 애정을 기울였으므로 푸드 스타일링, 식공간 연출을 공부하는 이들에게도 좋은 자료가 될 수 있으리라고 생각합니다.

의욕과 열정으로 집필하였으나 부족한 점이 많으리라 생각되므로 독자 여러분의 아낌없는 조언을 기대하며, 부족한 점은 계속 수정·보완하여 나갈 것을 약속드립니다.

이 책이 출간되도록 힘써 주신 교문사 류제동 회장님과 직원 여러분께 감사드립니다.

2018년 2월

저자 일동

# CONTENTS

# CHAPTER 1
# CULINARY PROFESSIONAL

# 1
# 서양요리의 역사와 개요

## 1) 우리나라 서양요리의 역사

우리나라에 서양요리가 전해진 것은 개화기 정도로 짐작되나 언제부터인지는 정확한 문헌이 없어 단정 짓기는 어렵다. 1888년 인천에서 일본인이 최초로 외국인 대상의 대불(大佛)호텔을 건립함으로써 서양요리가 공식적 첫선을 보인 것으로 짐작된다. 1883년(고종 20년) 주미전권공사(駐美全權公使)로 미국에 건너간 민영익(閔泳翊)과 그 수행원 유길준(兪吉濬) 등이 공식적으로 서양요리를 맛본 첫 번째 인물이고, 1895년(고종 32년) 러시아 공사 K. 베베르의 부인이 서양요리를 만들어 러시아 공사관에 파천 중인 고종에게 대접했다는 기록이 남아 있다.

이후 러시아 공사 K. 베베르의 처형(妻兄)인 손탁(Sontag)에 의해 궁중에 서양요리 바람이 불기 시작했으며, 1897년 이후에는 고종이 손탁에게 정동에 있는 주택을 하사하고, 이를 손탁호텔로 개조하여 1층에 양식당을 운영하면서 서양요리가 상류사회로 보급되었다.

주미대리공사를 지낸 이하영(李夏榮)과 그를 수행하는 통역관으로 외국에 자주 다녀온 이채연(李采淵)은 손님 접대 시 꼭 서양요리를 차렸다고 한다. 이와 같이 외국에 다녀온 사람들과 당시 서울에 있던 외국어 학교가 서양요리 보급의 원천이었다. 1914년 3월에는 조선호텔이라는 본격적인 서구식 호텔이 생기면서 서양식 조리대가 설치되었고, 1925년에는 서울역 내 그릴(Grill)이 등장하면서 서양요리의 조리기술은 크게 향상되었다. 당시 조선호텔 지배인이었던 데라자와가 쓴 1921년 5월 16일자 〈독립신문〉 기사에는 "일반인들은 그 당시 서양요리 먹는 것에 매우 서툴고 어색해 하는 사람이 많았다"는 내용이 실려 있었다. 이와 같이 서양요리가 알려지기 시작한 이후 보급 속도는 그다지 빠르지 않았던 것으로 보인다.

1910년 전후, 지금의 세종로에는 부래상(富來祥)이라고 하는 프랑스 사람이 나무 시장을 열었는데, 그는 어깨에 보온병을 메고 다니다가 나무 장수가 오면 인사를 하고 보온병 속의 가배차(咖啡茶)를 주었다고 한다. 나무 장수들에게 양탕국으로 불리던 가배차가 바로 오늘날 우리가 마시는 커피다. 가배차, 즉 커피는 황실에서도 애용되었는데, 러시아 공사에 의해 궁중에 들어온 커피는 아관파천 후 더욱 퍼져 고종이 커피를 매우 좋아했다는 일화가 전해지기도 한다.

1930년에는 국내 최초의 서양요리책인 《경성서양부인회편》이 발간되었다. 1936년에는 목정(木町)호텔과 대중을 위한 호텔이 건립되어 내부 식당에서 서양요리를 조리하고 판매하였다는 기록이 있다. 일제강점기에는 각 학교 가사시간에 서양요리를 다루었으며, 해방과 더불어 본격적인 호응을 얻기 시작하였다는 기록도 있다. 광복 이후에는 미군의 주둔으로 1970년대 중반까지 미국식 서양요리가 주를 이루었으나, 경제가 발전하고 글로벌화가 진행되면서 서구식 식생활의 대중화가 시작되었다.

### 2) 서양요리의 특징

일반적으로 서양요리라 함은 '프랑스요리'가 중심이며, 미국과 유럽 각국의 지리적 조건·기후·산물 등의 차이에 따라 각 나라의 실정과 기술에 맞는 요리가 개발되었다.

서양요리에 이용되는 재료에는 향미를 즐길 수 있는 여러 가지 허브·열매·향신료 등이 있으며, 식품을 취급하는 방법, 조리하는 방법, 사용하는 조미료와 식사 형식, 식탁을 차리는 방법, 식사 예절 등이 우리나라와 다르다. 서양요리는 식품을 큰 덩어리로 조리하여 식탁에서 썰어 먹는데, 이렇게 하면 조리 과정에서 발생하는 영양소의 손실을 줄일 수 있고, 원재료의 맛을 살리는 데도 효과적이다. 또 식품의 사용이 광범위하고 배합이 용이하며 식품 배합에 따른 음식의 맛 변화, 그릇에 담기까지의 과정이 체계적이다. 조미료는 요리를 만든 후 개인의 기호에 따라 간단하게 조절할 수 있도록 식탁에서 사용되며 주로 소금, 후추, 버터가 기본으로 사용된다. 맛과 영양을 보충하기 위하여 음식 위에 소스를 끼얹으며 향신료나 술 등도 많이 쓰인다. 또한 주식과 부식의 한계가 뚜렷하지 않으며 식사를 할 때 일정한 절

차가 있어 식욕을 돋우는 전채요리, 입안을 부드럽게 적셔 주는 수프요리, 주가 되는 주식요리, 식후에 먹는 후식요리 등으로 구성된다. 개인이 사용하는 그릇, 스푼, 포크, 나이프는 각 음식에 따라 종류가 다르며, 요리 접시 왼쪽에 포크, 오른쪽에 나이프와 스푼을 놓고 두 손을 사용하여 식사한다. 우리나라 전통음식과 같이 상 위에 음식을 한꺼번에 놓는 공간 전개형이 아니라, 한 가지 음식을 먹고 난 후 다른 음식을 내오는 시간 전개형 상차림이다.

### 3) 서양요리의 식사 구성

#### (1) 애피타이저(전채요리)

식사 전에 입맛을 돋우기 위한 애피타이저(appetizer)는 맛을 보는 정도로 조금만 먹는다. 프랑스에서는 오르되브르(hors-d'oeuvre)라고 한다.

#### (2) 수프

뜨거운 수프가 제공되면 우선 스푼으로 조금 떠서 맛본 후, 스푼으로 저어 가며 식혀 먹는다. 수프의 양이 줄어들면 접시를 바깥쪽으로 약간 기울여 뜨고, 다 먹으면 스푼의 손잡이를 오른쪽으로 향하게 하여 수프 그릇에 그대로 올려놓는다. 먹을 때는 소리가 나지 않도록 주의한다.

#### (3) 빵

빵은 수프를 다 먹고 먹는다. 한입에 들어갈 만큼 손으로 뜯어서 버터나 잼을 발라서 메인 코스를 다 먹을 때까지 요리와 함께 자유로이 먹는다. 빵은 메인 접시 왼쪽에 있는 것이 본인의 것이다.

#### (4) 생선요리

생선용 나이프와 포크로 먹는다. 나이프로 자르고 포크로 집어먹는 것이 원칙이나 부드러운 요리일 경우에는 포크만 이용해도 무방하다. 생선요리에 레몬이 곁들여지면 오른손 끝으로 레몬즙을 생선요리 위에 뿌리고 접시의 가장자리에 놓은 후 생선요리용 소스를 끼얹어 먹는다. 생선에 가시가 있을 때는 접시 한편에 가려 놓고, 통째로 조리한 생선일 때는 윗면을 다 먹은 후에 뼈를 나이프와 포크로 발라 내고 먹는다. 이때 생선은 뒤집지 않는다. 껍질이 붙은 새우요리 등은 먼저 껍질을 벗긴 후 썰어서 먹는다.

### (5) 앙트레

정찬에서 생선요리가 나온 다음 로스트가 나오기 바로 전에 제공되는 앙트레(entrée)는 부드럽고 양이 적은 것이 특징이다. 고기는 포크로 누르고 오른손에 든 육류용 나이프로 한 입에 들어갈 만큼 썰어 먹는다. 닭이나 칠면조 등 조류요리는 뼈가 없는 것이면 쇠고기를 먹는 방법과 같은 방법으로 먹지만, 뼈가 있는 것은 손으로 집고 나이프로 잘라서 포크로 찍어 먹으며 손에 쥐고 먹어도 무방하다.

### (6) 육류

메인 코스의 기본은 쇠고기요리이다. 그러나 쇠고기를 섭취하지 못하는 사람도 있으므로 식사 주문 혹은 준비 시 상대방의 취향을 반드시 고려해야 한다. 스테이크는 접시의 바깥쪽부터 안쪽, 세로 방향으로 자른다. 닭다리를 먹을 때는 손으로 들고 먹지 않으며 포크로 살을 발라 내며 먹는다.

### (7) 샐러드

육류요리를 먹는 동안 조금씩 곁들여 먹는다. 두 가지 이상의 소스를 섞어 먹지 않도록 한다.

### (8) 식후주

식사 후 소화와 입가심을 위해 마시는 술이다. 메인 코스가 끝나면 주인이나 주빈이 일어나서 샴페인으로 건배를 권한다. 건배할 때는 샴페인 잔을 오른손에 들고 눈높이만큼 올린 다음 좌우의 손님과 목례를 나눈다. 샴페인 외에도 식후주로 남성은 브랜디, 여성을 리큐어 등을 주로 마신다.

#### (9) 디저트

메인 코스가 끝나면 식탁에 놓여 있던 모든 그릇이 치워지고 디저트용 스푼과 포크, 나이프 등만 남는다. 이러한 커트러리를 이용하여 아이스크림, 파이, 푸딩, 케이크, 과일 등의 디저트를 먹는다.

#### (10) 핑거볼

코스요리를 먹는 도중 손가락을 씻을 때나 과일을 먹은 뒤 가볍게 손을 씻을 때 사용하는 볼(bowl)이다. 보통 과일접시에 핑거볼을 얹어 제공하는데, 이때는 볼을 왼편으로 옮기고 접시 위의 과일을 먹고 나서 손끝을 볼에 씻고 냅킨으로 닦는다.

#### (11) 커피

식후에 제공되는 커피는 주로 양이 적고 진한 에스프레소(espresso) 방식으로 준비한 데미타스(demitasse)이다. 정찬의 마지막에 서빙되므로 이것을 마신 후에는 냅킨을 접어서 식탁에 놓고 일어선다.

### 4) 서양요리의 테이블 좌석 배치

공식적인 정찬에서는 참석하는 사람들의 지위나 연령 등을 고려하여 서열에 맞게 좌석을 정하며, 좌석마다 네임 카드를 놓아 각자 자리를 쉽게 찾아 앉을 수 있게 하는 것이 좋다.

주빈은 출입구에서 먼 상석에 남녀가 교대로 앉고, 주인은 출입구에서 가까운 하석에 앉는 것이 원칙이다. 비공식적인 정찬의 경우 여성이 상석(출입구에서 먼 쪽)에 앉으며 남자 주인과 여자 주인은 마주 앉고, 이들을 중심으로 여자 주인의 오른쪽에 남자 주빈, 남자 주인의 오른쪽에 여자 주빈이 앉도록 한다.

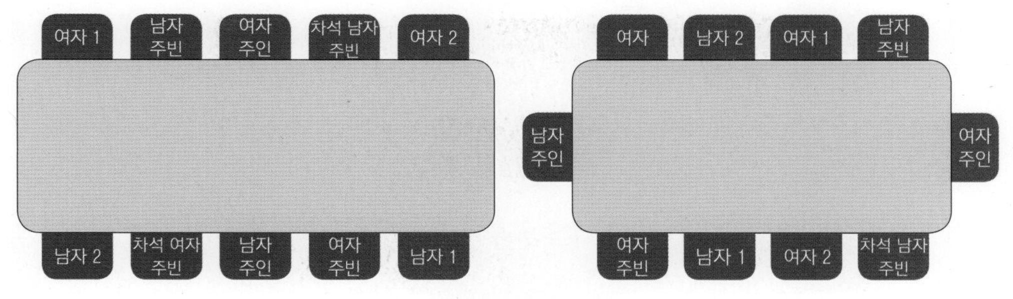


테이블 좌석 배치

### 5) 서양요리의 테이블 매너

테이블 매너란 모든 것과 조화를 이루고 유쾌하고 편안한 식사 분위기를 만들기 위해 식사하는 사람이 지켜야 할 최소한의 행동 방식이다. 음식의 맛은 요리하는 사람에 좌우되지만 식사 분위기는 서비스받는 사람의 매너에 따라 달라질 수 있으므로 테이블 매너를 익히는 것이 중요하다.

손님 접대 시 모든 음료는 손님의 오른편에 놓고, 요리는 손님의 왼편으로 대접하며, 다 먹은 그릇은 손님의 왼편에서 치운다. 냅킨은 모두 착석한 후에 초대한 사람이 먼저 편 다음 무릎 위에 펴야 하며, 반으로 접힌 쪽을 자기 앞으로 향하게 한다. 식탁에 앉으면 다른 사람을 배려해서 팔꿈치를 너무 옆으로 뻗지 않도록 한다. 양손은 테이블 위에 반 정도 올려놓고, 팔꿈치는 식탁 위에 올려놓지 않는다. 여성의 경우 립스틱이 글라스웨어에 묻지 않도록, 먼저 냅킨으로 입술을 가볍게 누르고 먹는 것이 좋다.

서양의 경우 식사 시 즐겁게 대화를 나누는 것이 자연스러우나 상대방이 음식을 입에 넣었을 때는 말을 건네지 않는다. 화제를 꺼내거나 상대방의 질문에 대답할 때는 커트러리를 잠시 아래로 내리고 대답한다. 식사 속도는 서로 맞추고 먹는 소리나 식기가 부딪히는 소리가 나지 않도록 주의한다. 식사하는 도중에는 자리를 뜨는 것을 삼가고 식기를 치우거나 식기를 포개어 쌓아 두지 않도록 한다.

서양요리는 빵을 손으로 집어먹기 때문에 식사 도중 손으로 얼굴을 만지지 않도록 주의한다. 빵은 다음 코스로 넘어갈 때 음식의 맛이 남아 있는 입안을 깨끗이 하여 다음 음식의 맛에 영향이 가지 않도록 하는 역할을 하므로 한 번에 많은 양을 먹지 않도록 한다. 입안에 음식물이 있는 경우, 음료를 마시거나 다른 음식을 먹지 않도록 한다. 식탁에서의 트림은 금기 사항이므로 가능한 한 하지 않도록 하고, 실수로 트림을 한 경우에는 조그만 소리로 사과한다.

식사가 끝나면 나이프의 날을 자기 쪽으로 향하게 하여 바깥쪽에 놓고, 포크는 등을 밑으로 하여 안쪽으로 접시 위에 가지런히 놓는다. 식사 중 잠시 자리를 비울 때는 냅킨을 의자 위에 올려 두면 되지만 식사 후에는 의자 위에 두지 않고 일어날 때 테이블 한쪽에 두고 나온다.

## 2
# 서양요리의 조리 방법

서양요리의 조리 방법은 식품의 종류 및 지역과 계절에 따라 달라진다. 어떤 조리 방법을 선택하든 식품 자체가 가지고 있는 맛을 충분히 살리는 것이 중요하다.

조리 방법은 익히지 않고 생으로 먹는 방법과 식품을 가열하여 익히는 방법으로 나눌 수 있다. 익히는 방법은 또다시 물이나 액체를 이용하는 조리 방법과 수증기를 이용하는 조리 방법, 기름을 이용하는 조리 방법, 직·간접열을 이용하는 조리 방법 등으로 나누어진다.

### 1) 습열 조리

#### (1) 데치기(blanching)

채소 등을 끓는 물에 짧은 시간 넣었다가 건져서 찬물에 식히는 조리 방법이다. 채소의 색을 선명하게 하거나 조직을 연화시키기 위해 또는 고기류의 불쾌한 냄새를 없애거나 끓여서 불순물이 생기지 않도록 할 때 주로 이용한다.

데칠 때는 물과 기름을 매개체로 하여 재료를 익히는데, 물에서 데칠 때는 물과 식품의 비율을 10:1로 하고 물을 100℃까지 끓여서 식품을 잠시 넣어 익힌 후 찬물이나 얼음물에 식혀 낸다. 채소의 경우 데칠 때 소금을 소량 첨가하면 비타민·무기질과 색소의 손실을 막을 수 있다. 기름에 데칠 때는 기름 온도를 130℃ 정도로 하여 순간적으로 넣었다가 꺼낸다. 특히 피망의 얇은 막을 제거할 때, 기름에 데치는 방법을 사용한다.

### (2) 끓이기(boiling)

식재료를 육수나 물, 액체에 넣고 100℃ 이상에서 끓이는 방법이다. 이때 끓는 물의 양은 식품이 잠길 정도가 좋다. 끓이는 동안에는 용액 속으로 식품의 수용성 성분이 용출되고, 액즙의 맛이 식품에 침투하며 액즙은 계속 증발한다. 찬물에 재료를 넣고 끓일 경우에는 세포막이 열리므로 많은 양의 수용성 성분이나 맛이 손실될 우려가 있으나, 뜨거운 물에 데칠 때는 세포막이 열리지 않으므로 맛을 보존할 수 있다. 따라서 음식의 종류에 따라 찬물에서 끓이기 시작하는 방법과 더운물에서 끓이기 시작하는 방법을 선택한다.

- **찬물에서 끓이기 시작하는 방법** 감자나 당근같이 표면이 단단한 식품 자체에 수분을 흡수시켜 고루 익힐 때, 또는 수용성 단백질을 찬물에 용출시켜 맛있는 육수를 만들 때 이용한다. 떠오르는 거품을 걷으면서 끓여야 맑은 육수를 만들 수 있다. 거품이 나는 재료는 뚜껑을 닫지 않고 끓이도록 한다.
- **더운물에서 끓이기 시작하는 방법** 식재료를 빨리 익게 하고 비타민 등의 영양소 파괴를 적게 하며 식품 고유의 색을 보존하기 위한 방법이다. 파스타는 뚜껑을 열고 끓는 물에 소량의 기름을 넣고 끓이면 달라붙지 않게 익힐 수 있다.

### (3) 포칭(poaching)

물의 끓는점 이하, 즉 71~82℃에서 식재료를 서서히 익히는 방법이다. 낮은 온도에서 식품의 모양을 그대로 유지시키면서 부드럽게 익히는 방법으로 생선이나 달걀요리에 주로 이용한다.

### (4) 시머링(simmering)

100℃보다 낮은 85~96℃ 정도의 온도에서 식품을 끓이는 방법으로 물 표면이 용솟음치지 않도록 익히는 것이다. 주로 맑은 육수를 만들 때 사용하는 조리법으로 포칭을 할 때보다 깊은 팬을 이용하는 것이 좋다. 결합조직의 함량이 많거나 질긴 식품을 오랫동안 서서히 익혀 연하고 부드럽게 하고자 할 때 주로 이용한다.

#### (5) 스튜잉(stewing)

물이나 육수 등을 넣고 뚜껑을 덮어 낮은 온도로 오래 끓이는 조리법으로 고기나, 과일, 열매채소 등을 익힐 때 사용한다.

#### (6) 찌기(steaming)

수증기의 대류를 이용하는 방법이다. 음식의 신선도를 유지하기 좋으며 조리시간을 단축할 수 있고 끓이기에 비해 풍미와 색채를 살릴 수 있다는 장점이 있다. 압력 쿠커를 이용하는 방법과 순수한 증기를 이용하는 방법이 있으며 찔 때는 수증기가 빠져나가지 않도록 뚜껑을 잘 덮고 조리해야 한다.

#### (7) 프레셔 쿠킹(pressure cooking)

압력솥이나 압력냄비에서 식품을 익히는 방법이다. 강철이나 두꺼운 알루미늄으로 만들어진 압력솥·압력냄비에는 뚜껑에 고무로 된 개스킷(gasket)이 있는데 이 개스킷이 증기가 새어나가지 않도록 완전 밀폐시키는 역할을 한다.

### 2) 건열 조리

#### (1) 포트 로스팅(pot roasting)

두꺼운 소스 팬에 오일을 조금 붓고 끓인 다음 덩어리 고기를 굴리면서 겉을 익힌 후, 뚜껑을 덮어 불 위에서 뭉근하게 오랜 시간 익히는 방법이다. 익히는 중간중간 고기를 가끔 뒤적여 엷은 갈색이 나도록 한다. 야외에서 또는 오븐이 없을 때 고기를 불에 직접 굽는 방법이다.

#### (2) 볶기(saute, sauteing)

전도열을 이용한 대표적인 방법으로, 얇은 소테팬(saute pan)이나 프라이팬(fry pan)을 뜨겁게 달구어 소량의 버터 혹은 오일을 넣고 채소나 잘게 썬 고기류 등을 고온에서 단시간에 볶는다. 많은 양을 조리하기보다는 소량을 순간적으로 볶는 데 효과적이다. 이때 짧은 시간 내에 식품을 익혀야 식품에 함유된 영양소와 수분의 손실을 최소화하면서 당분을 캐러멜화시켜 풍미를 더할 수 있다. 육류의 경우 표면을 볶음으로써 표면의 기공을 막아 육즙의 손실을 최소화하게 된다. 스테이크를 조리할 때 먼저 센 불에 볶은 후 오븐에 로스팅하는 것이 볶기의 좋은 예이다.

### (3) 튀기기(frying)

기름의 대류 원리를 이용하는 조리 방법으로 뜨거운 기름에 조리하는 것이다. 재료를 단시간 내에 익히므로 영양소의 파괴가 적고, 수분과 향미의 유출을 막을 수 있으며, 식품에 기름이 흡수되면서 풍미를 더해 주는 조리법이기는 하나 열량이 증가한다는 단점이 있다. 액체기름, 쇼트닝, 버터 등을 이용하며 주로 170~180℃에서 튀겨 준다. 수분이 많은 채소나 식품을 하얗게 튀기고 싶을 때는 140~150℃에서 튀기고, 튀김옷에 노릇노릇한 색을 내고 싶을 때는 180~190℃가 유지되도록 한다. 튀길 때는 식품의 수분을 충분히 제거해야 하며, 재료를 한꺼번에 많이 넣으면 온도가 낮아져 흡유량이 많아지므로 적정량씩 튀기는 것이 좋다. 튀기는 방법으로는 셸로 프라잉(shallow frying)과 딥 프라잉(deep frying)이 있다.

- **셸로 프라잉(shallow frying)** 밑면이 넓고 높이가 낮은 프라이팬에서 소량의 기름에 튀겨 내는 조리법으로, 우리나라의 기름을 두르고 지지는 전이나 볶음요리가 이에 속한다. 셸로 프라잉 시 기름은 식품의 반 이상이 잠기도록 하고, 재료를 넣기 전에 충분히 예열해야 필요 이상으로 기름이 스며드는 것을 막을 수 있다.
- **딥 프라잉(deep frying)** 깊은 프라이팬에 많은 양의 기름을 넣고 튀기는 방법이다.

### (4) 그릴링(grilling)

복사열을 이용하여 직화로 굽는 방법으로 그릴 바로 아래에 위치한 열원으로 에너지를 받아 조리하는 언더 히트(under heat)의 방식이다. 이때 구울 식품의 두께는 2.5cm 이상이 되지 않아야 한다. 고기의 크기가 작은 경우 높은 온도에서 빨리 조리하고 크기가 큰 경우 낮은 온도에서 중심부까지 열이 전달되도록 서서히 익혀 준다.

### (5) 브로일링(broiling)

그릴 위쪽에 열원이 있어 복사에너지에 의한 조리가 가능한 오버 히트(over heat) 방식이다. 그릴링보다 조금 빠르게 조리할 수 있으나 온도를 조절하기가 까다롭다. 그라탱(gratin)의 윗부분을 갈색이 나게 하고 크리스피한 식감을 주기 위해 이용하는 조리 방법이다.

### (6) 베이킹(baking)

오븐에서 굽는 방법으로 복사와 대류에 의해 조리된다. 주로 빵류, 타르트류, 파이류 등 제과·제빵에 이용된다. 오븐의 철판이 가열되어 생기는 복사열과 뜨거운 공기의 대류로 음식을 익히는 조리 방법으로 공기가 뜨거워지면 열이 위로 올라가기 때문에 위쪽이 아래쪽보다 온도가 더 높으므로 중간에 랙(rack)을 끼워 사용하는 것이 좋다. 표면이 갈색이 나며 바삭바삭하게 구워지는 것이 특징이다.

### (7) 로스팅(roasting)

오븐 안에서 육류나 가금류, 감자 등 큰 덩어리를 구워 내는 조리법이다. 굽는 동안 육즙이 빠져나오는 것을 최소화하고자 초기 온도를 220~250℃로 높여서 겉이 갈색이 되도록 하거나, 재료를 오븐에 넣기 전에 소테(saute)하여 갈색을 낸 후 오븐 온도를 낮추어 고기 내부를 완전히 익히도록 한다. 긴 꼬챙이에 쇠고기, 양고기, 닭고기 등을 꽂아 오븐 속에서 회전시키며 익히는 것도 로스팅의 한 방법이다.

### (8) 그라탱(gratin)

다 익은 음식을 마무리할 때의 조리 방법이다. 오븐에서 직접열을 이용하여 음식을 익혀 윗부분이 노릇하게 되도록 표면에 색을 낸다.

### (9) 푸알레(poeler)

뚜껑이 있는 그릇에 육류·가금류를 채소와 함께 넣고 뚜껑을 덮은 후 오븐에서 140~210℃로 익히는 방법이다. 익힌 고기는 꺼내어 놓고, 조리 중 생긴 즙에 와인이나 갈색소스를 첨가하여 데글레이즈(deglaze)한 후 음식 위에 끼얹는 소스로 이용한다. 뚜껑이 있는 프라이팬으로 불 위에서 오븐과 같은 방법으로 조리하기도 한다.

### 3) 기타 조리

#### (1) 글레이징(glazing)

익힌 음식의 색을 내거나 윤기가 나게 만드는 조리 방법으로, 주로 모양 낸 당근, 무, 양파 등에 이용된다. 우선 재료의 껍질을 벗겨 모양을 낸 후 찬물에 씻어 냄비에 물, 버터, 설탕을 넣어 익히고 냄비를 흔들면서 음식에 윤기가 나도록 졸인다. 채소나 고기를 오븐에 구운 후 소스에 굴려 윤기와 색을 내는 것도 글레이징을 하는 방법이다.

#### (2) 브레이징(braising)

여러 가지 채소를 볶아서 큰 냄비나 솥에 깔고, 주된 재료인 고기나 생선, 채소를 덩어리째 담은 후 육수를 재료가 잠길 만큼 붓고 뚜껑을 덮어 푹 끓이는 방법이다. 건열 조리 방법과 습열 조리 방법을 모두 이용한 대표적인 복합 조리 방법으로 우리나라의 찜과 비슷하다. 브레이징의 주재료가 덩어리 고기일 경우에는 미리 뜨거운 기름에 튀겨 낸 다음 끓이면 영양소의 손실도 적고 맛도 좋아진다. 건더기를 건지고 남은 국물은 함께 먹거나 채소 퓌레(purée)를 만들어 다른 요리에 이용한다. 스튜잉, 스티밍, 포트 로스팅의 세 가지 방법이 섞인 조리 방법이라고도 할 수 있다.

#### (3) 수비드(sous-vide)

프랑스어로 '진공포장(under vacuum)'이라는 뜻으로, 밀폐된 진공팩에 담은 음식물을 미지근한 물에 오랫동안 데우는 진공저온조리법을 의미한다. 물의 온도를 일정하게 유지한 채 음식물을 데우는데 이때 물의 온도는 재료에 따라 달라진다. 영양성분의 파괴를 최소화할 수 있고 음식물 속의 수분을 유지할 수 있으며 겉과 속을 골고루 익힐 수 있다는 장점이 있다. 즉, 식재료 본연의 맛을 그대로 살릴 수 있다. 특히 육류의 경우 수분이 빠져나가지 않기 때문에 다른 조리법보다 육즙을 많이 유지할 수 있으며 식재료의 수축을 최소화할 수 있어 부드러운 식감을 얻을 수 있다.

### (4) 초단파(microwave) 조리

외부로부터 열이 전달되는 것이 아니라 식품 자체에 있는 물 분자가 급속히 진동·회전하여 열이 발생되는 원리를 이용한 조리법이다. 극초단파를 이용한 조리기구로는 전자레인지가 있는데 이를 사용하면 식품의 표면부터 가열되는 것이 아니라 외부와 내부가 동시에 가열되므로 가열시간이 짧아 영양소의 손실이 적다.

초단파 조리는 많은 음식을 단시간에 고르게 익힐 수 있다는 장점이 있으나 가열에 의한 수분 증발이 심하므로 뚜껑을 사용하거나 랩을 씌워 조리하는 것이 좋다. 초단파는 수분을 흡수하고 종이, 유리, 자기, 플라스틱 등은 투과하나 금속이온은 반사하므로 금속류 그릇은 초단파 조리기구로 사용할 수 없다.

# CHAPTER 2
# CULINARY PREPARATION

# 1
# 조리도구 및 기구

## 1) 측정도구(for measuring)

재료의 부피, 무게, 음식 온도, 조리시간을 측정하는 도구이다. 계량단위로는 무게를 나타내는 그램(grams), 온스(ounces), 파운드(pounds)와 양을 나타내는 스푼(teaspoons), 컵(cups), 갤런(gallons)이 있으며 온도를 나타내는 섭씨(C: Celsius)와 화씨(F: Fahrenheit)를 기본적으로 사용한다.

**1 계량 비커(beaker)**

건조된 재료나 액체 재료를 측정하기 위한 눈금이 있는 용기이다.

**2 온도계(thermometer)**

구이용 온도계(구이요리가 알맞게 되고 있는지 측정하는 온도계), 당과용 온도계(뜨거운 액상 설탕 혼합물에 넣어 정확한 온도를 재는 데 사용하는 온도계), 오븐용 온도계(정확한 온도를 재기 위해 오븐 안에 넣는 온도계), 탐침용 온도계(조리 중인 식품에 찔러 넣어 즉각적으로 고기의 내부 온도를 재는 온도계) 등이 있다.

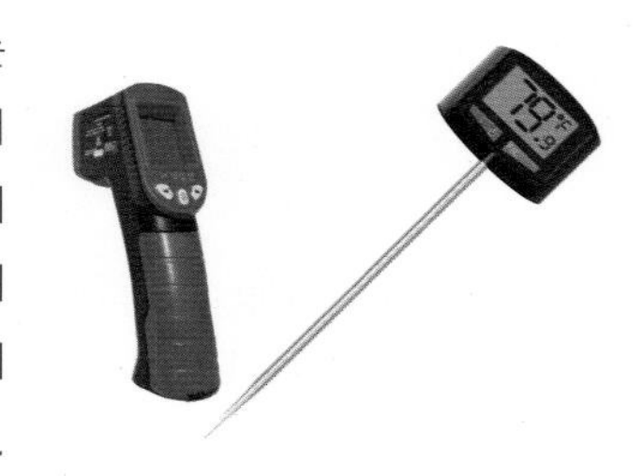

## 2) 자르기 도구(for cutting)

자르기 도구는 용도에 따라 다음과 같은 종류가 있다.

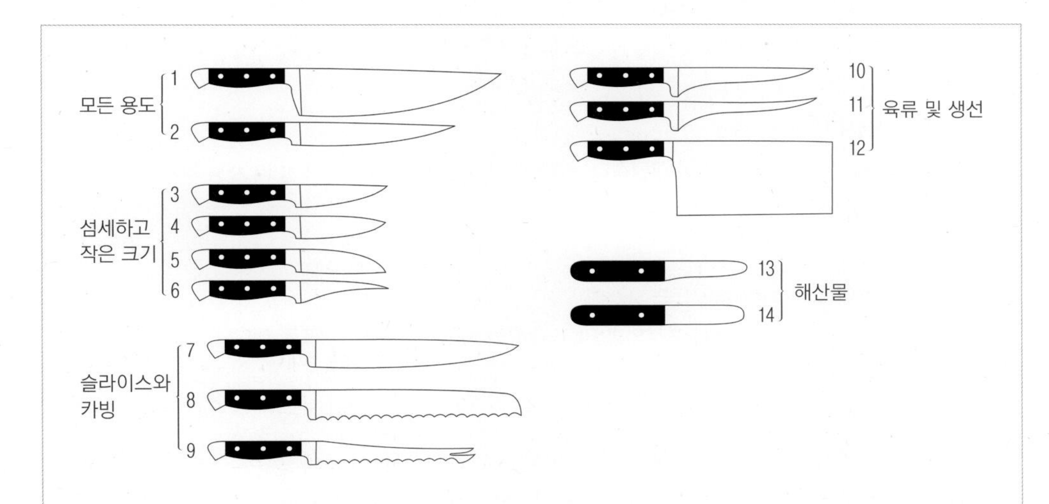


**1 프렌치 나이프(french knife/chef's knife)**

사용 범위가 넓은 조리용 칼로 셰프 나이프(chef's knife)라고도 한다. 튼튼하고 중량감 있는 일반적인 부엌칼로 칼날이 넓고 단단하며 날이 우수하다. 큰 고리를 자르는 것부터 신선한 허브 다지기까지 다양하게 사용된다.

**2 유틸리티 나이프(utility knife)**

중간 사이즈의 편리한 다목적 칼로 톱날 형태이다. 소시지나 치즈를 먹기 좋은 사이즈로 자르는 데 사용하며 여러 가지 상황에서 실용적으로 쓸 수 있다.

**3 파링 나이프(paring knife)**

조리용 칼의 축소판인 과도로 칼날이 슬림하고 작고 가벼운 다용도 칼이다. 작은 음식 조각을 깎고 긁고 자르는 데 사용하며 고명을 장식할 때도 사용한다. 고기를 다듬거나 베이컨 장식을 할 때도 사용한다.

**4 클립 포인트 나이프(clip point knife)**

'자르다(clip)'라는 뜻을 가진 끝부분이 칼등을 잘라낸 형태의 칼로, 칼등부터 칼끝, 그리고 팁까지 평

평한 경사면 혹은 오목한 형태로 깎여 내려오는 스타일이다. 찌르기가 용이하고 가벼워 많이 사용되는 포인트 스타일 나이프 중 하나이나 상대적으로 팁(칼 끝부분)이 쉽게 부러질 수 있다.

**5 쉽스 풋 나이프(sheeps foot knife)**

비교적 안전하다는 게 장점이나 다른 칼에 비해 다소 찌르기가 까다로운 칼이다.

**6 투르네 나이프(tourne knife)**

작고 가벼우면서 칼날이 곧고 끝이 단단하다. 감자, 과일, 채소 등의 껍질을 벗길 때 사용하며 재료의 상한 부분을 도려낼 때도 사용한다.

**7 슬라이싱 나이프(slicing knife 또는 slicer)**

강하고 우수한 날을 지닌 슬림한 형태의 칼이다. 칼날의 길이가 230mm 정도로 햄이나 기타 큰 덩어리 고기를 썰 때 사용한다.

**8 기타 슬라이싱 나이프(serrated slicer 또는 serrated slicing knife)**

- 브레드 나이프: 톱날 형태의 길고 단단한 칼로 딱딱한 빵 껍질을 쉽게 자를 수 있다. 강력하면서도 긴 칼 끝을 이용해 재료를 깔끔하게 슬라이스할 수 있는 빵칼이다.
- 물결무늬 나이프: 칼날 양면에 교대로 우묵한 홈이 나 있는 길고 탄력성 있는 칼이다. 통으로 조리된 햄을 매우 얇게 자르거나 덜어낼 때 사용하며 푸딩을 자를 때 사용하기도 한다.

**9 토마토 나이프(tomato knife)**

중간 사이즈의 특수용 칼로 자잘한 톱니 모양이다. 끝이 갈라져 있어 토마토를 자르거나 겉은 단단하지만 속이 무른 과일을 찍을 수 있다. 재료를 썰거나 얇은 슬라이스 조각들을 덜어 낼 때 사용한다.

**10 보닝 나이프(boning knife)**

칼날이 독특하게 휘어져 있고 칼등은 곧은 슬림한 칼로, 육류나 가금류의 뼈를 떼어 내거나 생선을 조각으로 떼어 내는 데 사용한다. 날의 길이가 짧고 두께가 얇으며 날카로워 섬세한 작업을 할 수 있다.

**11 필레팅 나이프(filleting knife)**

날이 곧고 탄력성이 있는 길고 슬림한 칼로, 고기와 생선의 살을 깨끗하게 발라낼 때 사용한다.

**12 클레빙 나이프(cleaving knife 또는 cleaver)**

칼날이 단단하고 넓은 사각형 칼로 큰 덩어리 고기를 자르거나 갈비를 다듬을 때 사용하며 크기가 다양하다.

**13 클램 나이프(clam knife)**

조개를 까는 데 사용하는 도구로 길이는 짧고 끝이 평평하며 둥근 칼이다.

**14 오이스터 나이프(oyster knife)**

굴의 껍데기를 열 때 사용하는 칼로 칼끝이 좁아지면서 부드럽게 둥글려져 있으며 칼날이 짧고 얇다.

## 3) 빻기와 갈기 도구(for grinding and grating)

식품을 미세한 입자, 부스러기, 파우더 등으로 잘게 빻고 가는 도구이다.

**1 푸드 밀(food mill)**

조리된 과일, 채소를 퓌레로 만들거나 분쇄하는 식품 분쇄기이다. 사용되는 원반에 따라 입자의 크기가 달라진다.

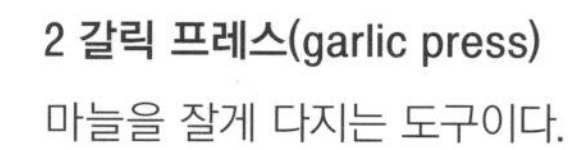

**2 갈릭 프레스(garlic press)**

마늘을 잘게 다지는 도구이다.

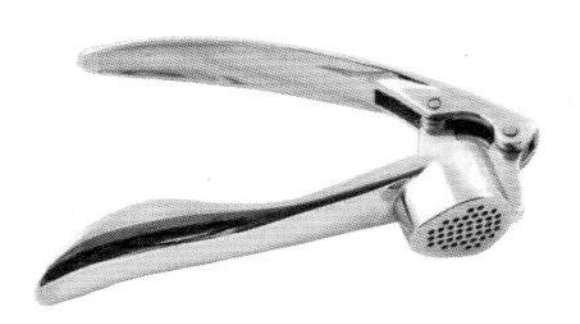

**3 감귤류 스퀴저(citrus squeezer)**

레몬 또는 오렌지 같은 감귤류의 즙을 짤 때 사용하는 도구이다.

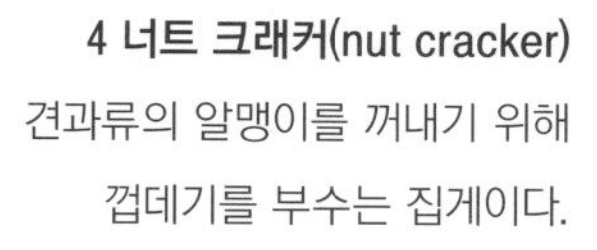

**4 너트 크래커(nut cracker)**

견과류의 알맹이를 꺼내기 위해 껍데기를 부수는 집게이다.

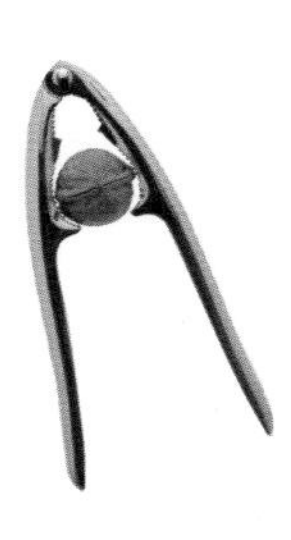

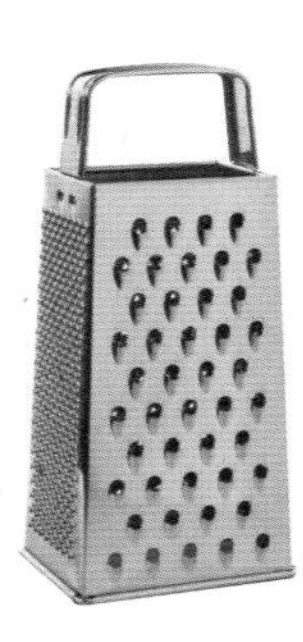

**5 그레이터(grater)**

채소, 치즈, 견과류와 같은 식품을 미세한 알갱이 또는 가루로 만들 때 사용하는 강판이다.

## 4) 섞기와 젓기 도구(for mixing and blending)

몇 가지 재료를 한꺼번에 섞거나, 휘젓거나, 재료의 모양을 바꾸는 데 사용하는 도구이다. 전기를 이용하는 제품이 많다.

**1 핸드 블렌더(hand blender)**

소형 모터가 내장된 전자기기로 액체를 혼합하고 부드러운 식재료를 분쇄하는 데 사용한다. 스탠드형 블렌더보다는 힘이 약하다.

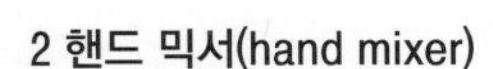

**2 핸드 믹서(hand mixer)**

2개의 젓개로 구성된 전자기기로 모터가 내장되어 있다. 액체나 반액체 식품을 휘젓거나 혼합할 때 사용한다.

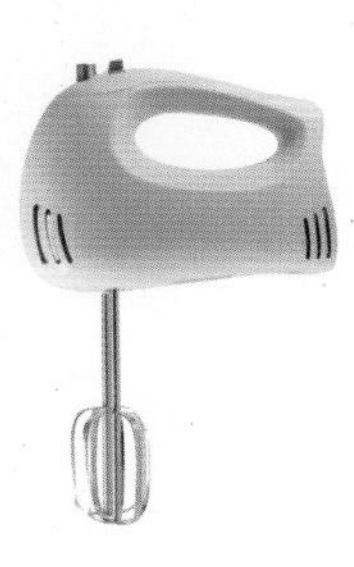

**3 블렌더(blender)**

모터와 용기로 구성된 전자기기로 용기 안에 조리된 식품 혹은 조리 전의 식품을 넣고 혼합하거나 으깨거나 퓌레로 만든다.

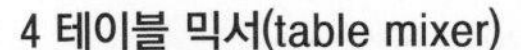

**4 테이블 믹서(table mixer)**

강력한 모터와 두 개의 젓개, 받침대로 구성된 전자기기이다. 액체나 반액체 음식을 휘젓거나 혼합할 때 사용한다.

### 5) 거르기와 물 빼기 도구(for straining and draining)

씻기, 데치기, 튀기기 등의 조리 후에 물기나 액체를 제거하고, 건조시키고, 거르기 위한 도구이다.

**1 거름망(strainer)**

재료를 쳐서 건조하게 하거나 액체를 거르는 도구이다.

**2 차이나 캡(china cap)**

미세한 그물로 된 원뿔 형태의 여과기이다. 음식을 퓌레로 만들거나 소스를 묽은 수프로 거르는 데 사용한다.

**3 콜랜더(colander)**

음식의 물기를 빼는 조리 기구이다.

**4 프라잉 바스킷(frying basket)**

금속제 그물 용기이다. 음식을 튀긴 후 기름이 빠지도록 하는 도구이다.

**5 체(sieve)**

나일론, 금속 또는 실크 가닥으로 촘촘히 짜인 망을 프레임에 부착한 여과기이다.

**6 모슬린(muslin)**

질 좋고 올이 느슨한 헝겊이다. 소스와 크림형 수프를 걸러서 부드럽고 미세하게 만드는 데 사용한다.

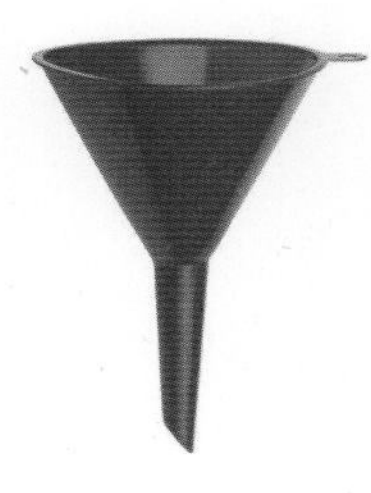

**7 깔때기(funnel)**

끝부분에 관이 달린 원뿔 모양의 도구이다. 병목이 좁은 용기에 액체를 따를 때 사용한다.

**8 채소 탈수기(salad spinner)**

씻은 채소의 물기를 원심력을 이용하여 제거하는 도구이다.

## 6) 익히기 도구(for cooking)

음식을 익히는 도구이다.

**1 찜통(steamer)**

소스팬 두 개를 겹친 냄비로, 아래쪽 팬에서 끓는 물의 증기가 올라와 위쪽 팬에 든 음식을 익힌다. 생선 찜통에는 걸치개와 뚜껑이 있어 생선을 통째로 요리할 때 사용한다.

**2 찜기판(steamer plank)**

구멍이 나 있는 용기로 물이 있는 냄비의 수면 위쪽에 놓고 그 위에 음식을 담아 증기로 익힌다.

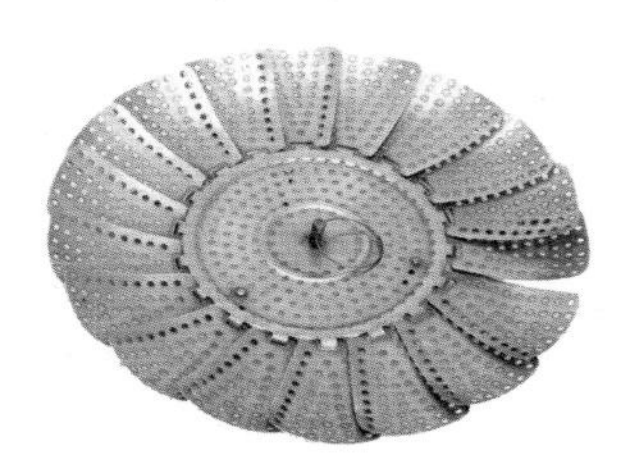

**3 퐁듀 세트(fondue set)**

고기, 치즈, 초콜릿 등 다양한 종류의 퐁듀요리를 만들 수 있는 도구이다.

**4 소테팬(saute pan)**

프라이팬과 비슷한 가장자리가 곧은 팬으로, 기름으로 조리할 때 사용한다.

**5 프라이팬(frypan)**

부침이나 소테, 노릇하게 굽는 음식을 만들 때 사용한다.

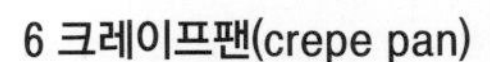

**6 크레이프팬(crepe pan)**

둥글고 바닥이 두꺼운 팬이다. 가장자리가 얕아서 스패튤라로 뒤집기 쉽게 되어 있다.

**7 소형 소스팬(small sauce pan)**

프라이팬보다 깊은 팬이다. 식품을 뭉근히 끓이거나 푹 삶을 때 사용한다.

**8 스톡 포트(stock pot)**

국물이 있는 음식을 대량으로 요리할 때 사용하는 냄비이다.

**9 이중냄비(double boiler)**

소스팬 두 개가 겹쳐진 냄비이다. 아래쪽 냄비에서 물을 끓여 그 증기로 위쪽 냄비의 음식을 익히거나 데운다.

## 7) 기타 도구

앞서 소개된 도구 외에도 아래와 같은 다양한 도구들이 사용된다.

**1 그물국자(skimmer)**

둥글고 약간 오목하며 구멍이 뚫린 숟가락 모양의 도구이다. 국과 소스에 뜬 기름기를 걷어 내거나 요리 중인 국물에서 음식을 건져 낼 때 사용한다.

**2 건지개(draining spoon)**

크고 길쭉하며 오목한 숟가락 모양으로 구멍이 뚫려 있다. 요리 중인 국물에서 음식 조각을 건져 낼 때 사용한다.

**3 국자(ladle)**

손잡이가 길고 오목한 볼이 달려 있는 숟가락 모양이다. 액체나 반액체 요리를 옮겨 담을 때 사용한다.

**4 뒤집개(turner)**

요리된 음식을 부스러지지 않게 뒤집을 때 사용하는 도구이다.

**5 스패튤라(spatula)**

요리 중에 음식을 뒤집는 도구로 폭이 다양하며 날이 길다.

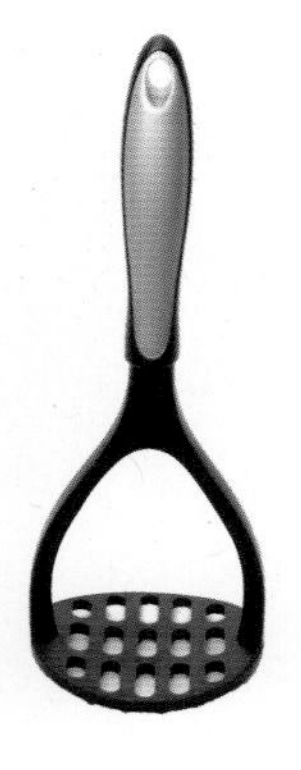

**6 포테이토 매셔(potato masher)**

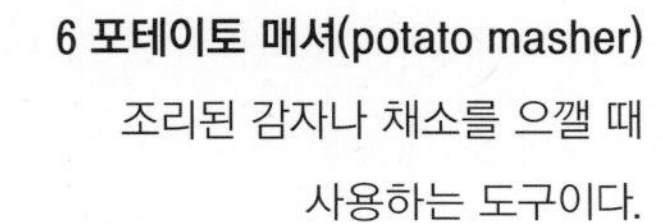

조리된 감자나 채소를 으깰 때 사용하는 도구이다.

**7 와인 오프너(wine opener)**

- 소믈리에 나이프: 와인의 상단부 주변에 있는 후드를 커팅할 수 있는 칼날과 지렛대의 힘을 이용해서 와인병을 여는 지레 및 스크루 등이 달려 있다.
- 레버 코르크스크루(lever corkscrew): 스크루가 코르크를 뚫으면 2개의 날개가 들어올려져 지렛대 역할을 하면서 와인병을 열게 되는 레버식 코르크 따개이다.

**8 파스타 메이커(pasta maker)**

다양한 종류의 칼날을 바꾸어 끼우면서 여러 가지 모양의 국수와 파스타를 만드는 도구이다.

## 2
# 기본적인 채소 썰기

서양요리에서 채소 썰기에 관한 용어는 써는 모양이나 크기에 따라 이름 붙여졌다. 주로 프랑스어를 조리용어로 직접 사용하는 것이 일반적이나 영어로 혼용하여 사용하기도 한다. 본 교재에서는 써는 모양은 같으나 크기가 다른 경우는 그림으로 그 크기를 표현하였고, 써는 동작을 포함한 경우나 완성된 모양은 사진으로 수록하였다.

**1 펀 줄리엔느(fin julienne)**

0.15 × 0.15 × 5cm 길이의 네모 막대형으로 채 썰기하는 방법이다.

**2 줄리엔느(julienne)**

0.3 × 0.3 × 6cm 길이의 네모 막대형으로 채 썰기하는 방법이다.

**3 알루메트(allumette)**

0.45 × 0.45 × 6cm 길이의 네모 막대형으로 채 썰기하는 방법이다.

**4 바토네(batonnet)**

0.6 × 0.6 × 6cm 길이의 네모 막대형으로 채 썰기하는 방법이다.

**5 프릿트(frite)**

1.2 × 1.2 × 6cm 길이의 네모 막대형으로 채 썰기하는 방법이다.

### 6 퐁뇌프(pont neuf)

1.8 × 1.8 × 6cm 길이의 네모 막대형으로 채 썰기하는 방법이다.

### 7 미뇨네트(mignonnette)

0.6 × 0.6 × 4cm 길이의 네모 막대형으로 채 썰기하는 방법이다.

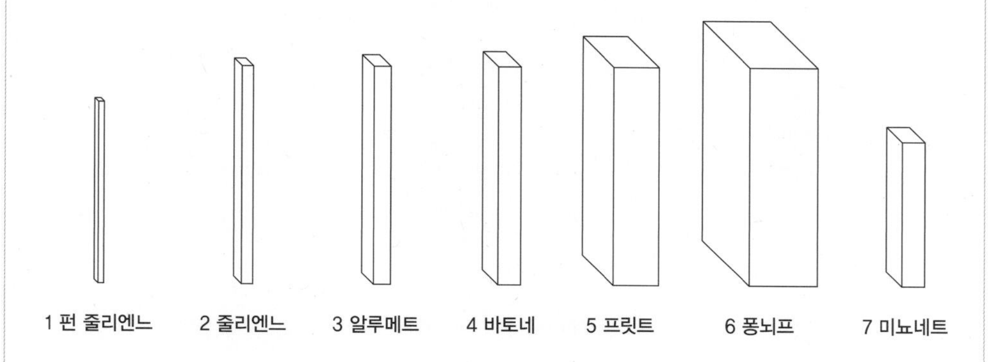


### 8 시포나드(chiffonade)

둥글게 말아 써는 방법이다. 영어로는 'very fine shredding'이라고 표현할 수 있다.

### 9 에망세(emincer)

얇게 써는 방법이다.

8 시포나드

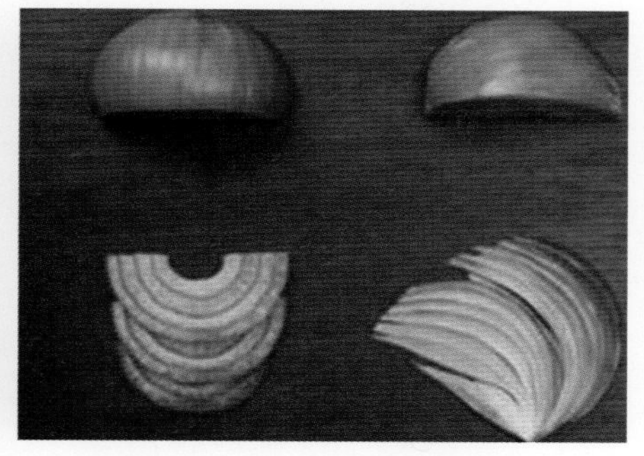

9 에망세

### 10 펀 브뤼누아즈(fin brunoise)

0.15 × 0.15 × 0.15cm 크기의 정육각형으로 써는 방법이다.

**11 브뤼누아즈(brunoise)**

0.3 × 0.3 × 0.3cm 크기의 정육각형으로 써는 방법이다.

**12 마세도앙(macedoine)**

0.6 × 0.6 × 0.6cm 크기의 정육각형으로 써는 방법이다. 영어로는 'small dice'로 표현할 수 있다.

**13 파르먼티(parmentier)**

1.2 × 1.2 × 1.2cm 크기의 정육각형으로 써는 방법이다. 영어로는 'medium dice'로 표현할 수 있다.

**14 카에(carre)**

1.8 × 1.8 × 1.8cm 크기의 정육각형으로 써는 방법이다. 영어로는 'large dice'로 표현할 수 있다.

**15 큐브(cube)**

2 × 2 × 2cm 크기의 정육각형으로 써는 방법이다.

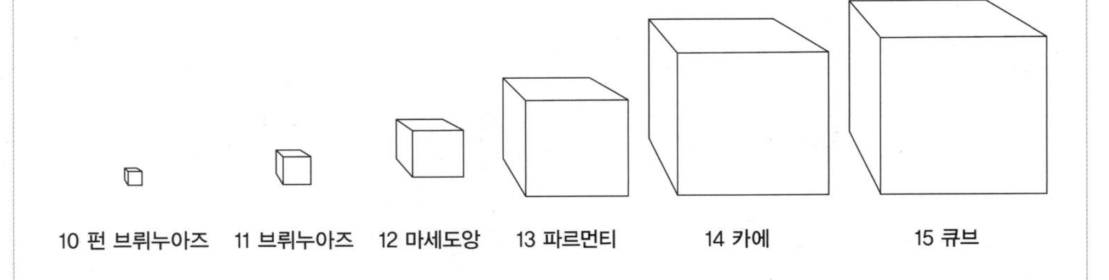

10 편 브뤼누아즈 11 브뤼누아즈 12 마세도앙 13 파르먼티 14 카에 15 큐브



**16 마티뇽(matignon)**

비슷한 크기의 불규칙한 모양으로 써는 방법이다.

**17 페르머(fermiere)**

재료의 모양에 따라 0.3~1.2cm 두께의 불규칙한 모양으로 어슷썰기하는 방법이다.

16 마티뇽

17 페르머

**18 시즐리 & 아쉐(ciseler & hacher)**
곱게 다지는 방법이다.

**19 론델르(rondelle)**
원형 또는 타원형으로 납작하게 써는 방법이다. 주로 오이, 당근 등 원통형의 채소를 자른다.

**20 페이잔느(paysanne)**
1.2 × 1.2 × 0.3cm 크기로 납작하게 써는 방법이다. 다양한 모양으로 썰 수 있다(shapes vary; round, square).

20 페이잔느

**21 올리베트(olivette)**
중간 부분이 둥근 위스키통 모양의 2.5cm 길이 7각형 썰기이다(썰기보다는 '깎는다', '다듬는다'는 표현이 더 어울린다).

**22 꼬꼬트(cocotte)**

중간 부분이 둥근 위스키통 모양의 4cm 길이 7각형 썰기이다.

**23 샤또(chateau)**

중간 부분이 둥근 위스키통 모양의 5cm 길이 7각형 썰기이다.

**24 폰단트(fondante)**

중간 부분이 둥근 위스키통 모양의 7.5cm 길이 7각형 썰기이다.

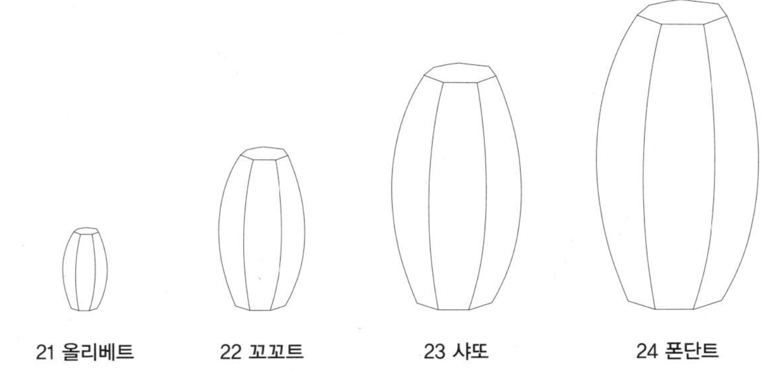

21 올리베트 22 꼬꼬트 23 샤또 24 폰단트

**25 누아젯(noisette)**

2.5cm 지름의 공 모양으로 다듬는 방법이다.

**26 파리지엔느(parisienne)**

3cm 지름의 공 모양으로 다듬는 방법이다.

25 누아젯

26 파리지엔느

# 3
# 스파이스와 허브

향신료는 음식에 방향·착색·풍미를 더해 식욕을 촉진시키고 맛을 향상시키는 식물성 물질로 사용하는 부위에 따라 스파이스(spice)와 허브(herb)로 나눌 수 있다. 스파이스는 방향성 식물의 뿌리, 줄기, 껍질, 씨앗 등 딱딱한 부분으로 비교적 향이 강하며 허브는 잎이나 꽃잎 등 비교적 연한 부분이다.

오늘날 향신료는 그 이용 부위와 범위가 넓어져 향료나 약용, 채소, 양념, 식품 보존제 및 첨가물 등으로 광범위하게 사용되고 있다. 향신료를 음식에 사용하는 경우는 요리의 준비나 조리과정 중에 사용하는 쿠킹 스파이스(cooking spice), 완성된 요리에 사용하는 파이널 스파이스(final spice), 식탁에서 각자의 기호에 따라 이용하는 테이블 스파이스(table spice)의 세 가지로 나눌 수 있다. 향신료의 효과를 이끌어내는 방법은 가루 향신료처럼 식품에 뿌리거나 섞기만 하면 되는 것, 고춧가루·서양겨자·고추냉이 등과 같이 물에 개지 않으면 향신미가 생기지 않는 것, 사프란의 암술대나 치자나무 열매 등과 같이 뜨거운 물에 담가야 색깔이 나는 것, 월계수잎처럼 삶으면 향기가 강해지는 것, 타마린처럼 물에 담가서 산미를 용출시킨 뒤 섬유를 걸러 내야 하는 것 등이 있다. 이들은 모두 적은 양을 사용해도 효과를 낸다.

향신료는 한 종류만 쓰기도 하지만, 여러 종류와 배합시켜 그 효과를 더욱 높이기도 하는데 대표적인 예로는 카레가루가 있다. 인도 카레는 시나몬과 월계수, 커민, 코리앤더, 카더몸, 후춧가루, 클로브, 메이스, 고추, 후추, 생강, 터머릭 등을 볶아 섞은 것이다. 그 밖에 고추를 주원료로 하고 오레가노, 딜 등을 배합한 칠리가루와 팔각, 육계, 정향, 산초, 진피를 배합한 중국의 오향(五香) 등이 있다. 신선한 상태의 스파이스와 허브를 사용하는 경우도 많으나 저장성을 위하여 건조시켜 사용하기도 한다. 단, 건조 시 향이 휘발하는 허브도 있으므로 주의해야 하며, 보존 방법에 따라 향미가 변할 수 있으므로 구입 후 밀봉하여 열이나 광선, 습기가 없는 곳에 보관해야 한다.

#### (1) 너트메그(nutmeg)

육두구 나무 열매의 속씨를 건조시켜 분말로 사용한다. 단맛과 쓴맛이 나며 육류, 쿠키, 도넛, 케찹 등에 이용된다.

#### (2) 딜(dill)

'진정시키다', '달래다'의 뜻을 가진 스칸디나비아어의 딜라(dilla)에서 유래된 이름을 가진 딜은 단맛이 나고 상쾌한 향이 강한 게 특징이다. 잎은 깃털 같고 색은 녹색을 띤 푸른색이다. 유럽의 거의 모든 나라에서 많은 음식에 딜을 사용한다. 뜨거운 음식에 넣을 때는 식탁에 내기 전에 넣어야 향이 오랫동안 유지된다. 영국에서는 생연어요리에 사용한다.

#### (3) 딜씨(dill seed)

원산지가 지중해 연안 남러시아로, 소화·진정·최면에 효과가 뛰어나며 구취 제거와 동맥경화 예방에도 좋고 당뇨병 환자나 고혈압인 사람을 위한 저염식의 풍미를 내는 데 쓰이기도 한다. 케이크, 빵, 과자, 오이 샐러드, 요구르트 등뿐만 아니라 생선 소스에 많이 사용되어 비린내를 제거해 주며 생선 고유의 맛을 느끼도록 해 준다.

#### (4) 레몬그라스(lemongrass)

레몬향이 나는 허브로 태국 톰얌쿵의 주재료로 사용된다. 또한 수프, 소스, 생선요리 등에 사용된다.

### (5) 로즈메리(rosemary)

로즈메리는 라틴어 Ros(이슬)와 Marinus(바다)의 합성어로 '바다의 이슬'이라는 뜻이다. 요리에 사용할 때는 맛과 향이 강해 주의해야 한다. 로즈메리는 주로 신선한 잔가지를 양고기 밑에 깔거나 닭고기와 생선 속에 넣어서 요리한다.

### (6) 마살라(masala)

인도음식에 보편적으로 사용되는 가루나 페이스트 형태의 혼합 향신료이다. 간단하게는 2~3가지부터 복잡하게는 20여 가지의 향신료를 섞어 만드는데 배합 비율은 만드는 음식의 종류, 지역과 개인 취향에 따라 다양하다. 주로 조리의 초기나 마지막 단계에 첨가하며 재료를 재어 두는 용도로 사용하기도 한다.

### (7) 마조람(majoram)

잎과 줄기 부분이 조미료나 약용으로 사용된다. 생장기의 잎이나 줄기는 수확하여 포푸리, 드라이플라워, 리스를 만드는 데 이용하기도 한다. 차나 요리에도 많이 쓰이는데 타임 등과 함께 양고기, 오리고기 등의 냄새를 제거하는 데 많이 사용된다.

### (8) 머스터드씨(mustard seed)

겨자의 꽃이 핀 후에 열리는 씨를 말린 것으로, 통으로 또는 가루를 만들어 사용한다. 프랑스 겨자는 머스터드씨 가루와 다른 향신료, 소금, 식초, 기름 등을 섞어서 만들기 때문에 영국 겨자보다 덜 맵고 순하다. 분말 상태의 머스터드씨를 막 짜낸 포도즙에 개어서 쓰기도 한다. 피클, 육류요리, 소스, 샐러드드레싱, 햄, 소시지, 치즈 등에 이용한다.

#### (9) 메이스(mace)

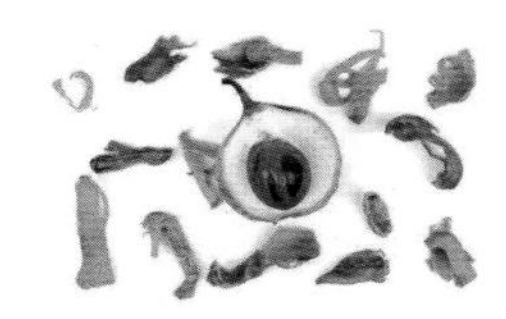

육두구 나무는 인도네시아와 서인도 제도에서 자생하는데, 이 열매의 씨를 둘러싼 그물 모양의 빨간 씨 껍질 부분을 말린 것이 메이스이다. 씨 껍질은 건조 정도에 따라 빨간색, 노란색, 갈색 순으로 변한다. 육류, 생선, 햄, 치즈, 과자 등에 주로 사용된다.

#### (10) 민트(mint)

정유의 성질에 따라 페퍼민트, 스피어민트, 페니로열민트, 캣민트, 애플민트, 보울스민트, 오데콜론민트로 구분된다. 후추처럼 톡 쏘는 매운맛과 상쾌한 향이 특징이다. 지중해 연안에서 나오는 서양종으로, 정유에 함유된 유리멘톨이 동양종보다 적지만 향미가 월등하고 쓴맛도 적다. 스피어민트는 유럽에서 나는 서양종으로, 동양종이나 페퍼민트와는 전혀 다르며 달콤하고 상쾌한 향이 강하다. 주로 후식에 사용되는데 민트의 청량감과 설탕의 단맛이 조화가 잘되기 때문이다.

#### (11) 바질(basil)

잎에서 상큼한 향과 약간의 매운맛이 난다. 꽃이 피기 직전의 잎이 가장 향기롭다. 달콤한 잎과 줄기 모두 요리에 사용할 수 있으며 바질오일, 토마토요리, 생선요리에 많이 이용된다. 토마토와 바질은 잘 어울리는 식재료로 토마토소스를 만드는 마지막 단계에 잘게 다져 넣으면 더욱 담백한 맛을 낼 수 있다. 가장 유명한 이용법의 예로는 이탈리아 북부의 리구리아 해안에서 나는 바질로 만든 제노바 페스토(genoese pesto) 소스이다.



#### (12) 사프란(saffron)

그리스와 소아시아가 원산지로 창포, 붓꽃과의 일종인 꽃의 암술을 말려서 사용한다. 진한 노란색에 독특한 향과 쓴맛, 단맛을 가지고 있다. 1g을 얻기 위해 500개의 암술을 말려야 하고 160개의 구근에서 핀 꽃을 따야 하는데 이 공정이 수작업으로 이루어진다. 물에 잘 용해되며 노란색 색소로 이용한다. 프랑스의 부야베스, 스페인의 빠에야, 이탈리아의 리조또 등에 사용된다.

### (13) 세이보리(savory)

로즈메리와 타임향에 후추향이 살짝 가미되어 있으며 자극적인 매운맛을 내는 향미식물이다. 윈터 세이보리(winter savory)와 섬머 세이보리(summer savory)가 있는데, 박하나무라고도 하는 윈터 세이보리가 섬머 세이보리보다 향이 더 강하다. 건조시키면 풍미가 강해지므로 조금씩 사용해야 한다. 특히 윈터 세이보리 잎은 향이 강한 편이라 소시지가 들어가는 요리에 조금 넣거나 마리네이드할 때 사용한다. 단맛이 더 나는 섬머 세이보리는 펜넬씨와 함께 소시지 양념에 많이 쓰인다.

섬머 세이보리

윈터 세이보리

### (14) 세이지(sage)

원산지는 지중해 연안, 유럽 남부 지역이며 톡 쏘는 향과 자극적이고 쌉쌀한 맛이 난다. 요리에는 주로 잎과 부드러운 줄기가 사용된다. 치즈, 소시지, 가금류요리에 사용되는데 극소량을 사용하는 것이 특징이다. 허브의 향이 강해 요리의 다른 맛이 제대로 살아나지 않을 수 있기 때문이다.

### (15) 셀러리(celery)

미나리과에 속하며 원산지는 남유럽, 북아프리카, 서아시아이다. 독특한 향이 있어 요리의 향미를 돋우는 데 활용되며 샐러드나 볶음, 생선이나 육류의 부향제로도 사용된다.

### (16) 셀러리씨(celery seed)

원산지는 남유럽, 북아프리카, 서아시아로 황갈색의 좁쌀만 한 씨앗이다. 셀러리와 같은 향이 나며 전형적인 풋내와 약간의 쓴맛이 특징으로 소염, 이뇨, 진정, 관절염, 혈압 강하에 효과가 있다. 피클, 수프, 샐러드, 육류요리에 이용된다.

(17) 시나몬(cinnamon)

계피라고도 불리는 이것은 중국이 원산지이며 후추, 정향과 함께 세계 3대 향신료 중 하나로 꼽힌다. 상쾌한 청량감과 방향, 약간의 매운맛과 단맛이 있어 다양한 요리에 사용된다. 껍질이 돌돌 말린 형태 그대로 사용하거나 가루로 만들어 쓰며 뜨거운 음료, 피클, 과일절임 등에도 사용된다.

(18) 양귀비씨(poppy seed)

원산지는 지중해 연안으로 달콤한 맛과 향이 특징이다. 양귀비의 작고 검은 씨앗을 흔히 양귀비씨라 부른다. 구운 빵 위에 양귀비씨를 뿌려 식감을 더하거나, 파스타와 국수요리에 뿌려 풍미와 감칠맛을 높인다.

(19) 오레가노 플레이크(oregano flake)

달콤하면서 톡 쏘는 박하향과 약간의 쓴맛이 특징이다. 정유에 함유된 티몰(thymol)은 방부, 진통, 진정, 강장 효과가 있다. 꽃은 흰색이나 분홍색으로 식용이 가능하고, 잎은 감촉이 부드러우며 샐러드와 파스타에 넣는다. 바비큐를 할 때는 강한 매운맛과 나무향을 내기 위해 가루로 만들어 뿌리기도 한다. 다만, 지나치게 많이 사용하면 요리 본연의 맛과 향을 잃으므로 주의하도록 한다.

(20) 올스파이스(all spice)

원산지는 카리브해로 자메이카 페퍼(jamaica pepper)라고도 불린다. 정향, 너트메그, 계피의 세 가지 향이 난다. 완전히 성숙되면 향기가 덜하기 때문에 조금 덜 성숙된 녹색의 것을 채취하여 햇볕에 말린다. 생선요리, 피클, 육류, 소스, 소시지 등에 사용한다.

### (21) 월계수잎(bay leaf)

원산지는 지중해 연안, 유럽 남부 지역으로 달고 쓴맛과 나무향이 특징이다. 잎만 식용이 가능하며, 잎을 제외한 다른 모든 부분에는 독성이 있어 사용이 불가능하다. 조리 시작 전에 넣으며 수프나 스튜, 고기요리에 사용하는데, 생선을 데치는 물에 넣어도 좋다. 잎을 단독으로 쓰는 경우도 많지만 다른 향신료와 함께 사용하면 맛을 보완하고 특유의 향을 첨가할 수 있다.

### (22) 클로브(clove)

정향나무의 '꽃봉오리'로 못처럼 생기고 향기가 있어 정향이라고 한다. 클로브라는 이름도 역시 프랑스어의 못(clou)에서 유래했다. 향이 강해 고기의 잡냄새를 제거하는 데 효과적이나 다른 식품과 함께 사용하면 그 식품 특유의 냄새를 잃게 하므로 주의해야 한다. 고기요리, 햄요리, 과자류, 푸딩, 수프, 스튜에 이용된다.

### (23) 주니퍼 베리(juniper berry)

원산지는 유럽이며 상록관목인 주니퍼 나무의 열매이다. 처음에는 녹색이지만 완전히 익으면 검게 된다. 열매를 건조시켜 보관하는데 쌉싸름하면서도 단내가 느껴지기도 한다.

### (24) 차이브(chive)

실파의 일종으로 양파나 마늘 대용으로 샐러드에 쓰이며, 채소수프, 오믈렛, 크림치즈에 섞기도 한다. 장식으로 이용할 때는 식탁

에 내기 직전에 넣는다.

### (25) 처빌(chervil)

파슬리와 비슷한 잎으로, 밝은 녹색의 얇은 잎에서 감미로운 향이 난다. 어린잎은 샐러드에 넣어 생식하고, 생선의 비린내를 없애는 효과가 있어서 생선요리에 쓰이며 수프, 각종 소스, 치즈의 향을 내는 데 이용된다. 또한 잎을 잘게 떼어 가니시로 사용하기도 한다. 열을 가하면 향이 사라지므로 조리 시 맨 마지막에 넣는 것이 좋다.

### (26) 카더몸(cardamom)

원산지는 인도, 인도네시아, 네팔로 생강과에 속하는 식물의 종자에서 채취한 향신료이다. 요리, 과자 등의 부향료로 사용되며 이외에도 혼합 향신료의 원료로 사용된다. 검은색과 녹색이 있는데 부수거나 갈아서 넣으면 더 강한 향을 느낄 수 있다. 주로 인도요리와 네팔요리에서 쓰이는 마살라의 재료 중 하나이며, 마살라 차이를 만들 때도 쓰인다. 중동에서는 이 가루를 커피와 차에 타서 먹고, 북유럽에서는 제빵에 사용한다.

### (27) 카레(curry)

여러가지 향신료를 배합한 매운맛의 복합향신료이다. 배합 시 일정한 기준은 없으며 빛깔을 주로 내는 울금, 사프란, 진피 등과 매운맛을 내는 후추, 고추, 생강, 겨자, 그리고 향미를 내는 마늘, 회향, 클로브, 육계, 시나몬, 너트메그, 코리앤더 등이 혼합된 형태이다. 육류, 어패류, 수프, 채소, 튀김 등에 다양하게 이용된다.

### (28) 카옌 페퍼(cayenne pepper)

원산지는 남아메리카와 아마존으로 작고 매운 고추이다. 곱게 가루로 만들어 육류, 어류, 달걀요리, 샐러드드레싱, 소스, 크림, 치즈

등에 사용한다.

### (29) 캐러웨이(caraway)

회향풀의 일종으로 당근과 비슷하게 생겼으며 고대 이집트에서는 주로 향미식물로 이용했다. 소화를 촉진하므로 로마시대에는 식후에 캐러웨이를 씹는 습관이 있었다고 한다. 치즈에 톡 쏘는 맛을 주거나 절인 생선이나 거친 호밀빵을 만드는 데도 사용한다.

### (30) 캐러웨이씨(caraway seed)

원산지는 네덜란드로 구부러진 외관에 물결무늬가 패여 있다. 향이 강하고 향기가 나는 기름이 함유되어 있다. 그대로 사용하거나 살짝 부수어 쓰기도 하는데 주로 단맛을 내기 위해 이용하며 케이크, 빵, 쿠키를 만드는 데 넣기도 한다. 또한 고기요리, 양배추, 치즈, 소시지에 이용하면 풍미가 향상되며 감자, 생선, 달걀요리에도 이용된다.

### (31) 커민(cumin)

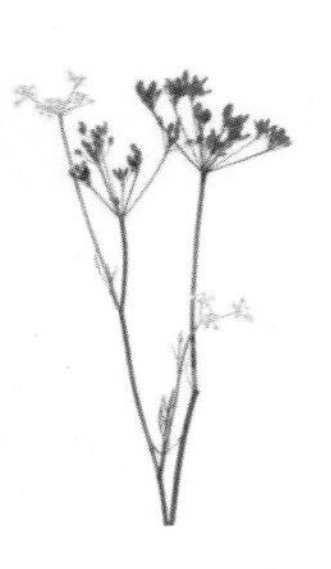

가느다란 줄기에 분홍색과 흰색의 작은 꽃이 핀다. 열매는 완전히 익거나 마르기 전에 수확한 후 말려서 통째로 사용하거나 가루로 만들어 쓴다. 중동요리에 사용되는 중요한 향신료로 케밥 특유의 향을 내며 다른 향신료의 향을 모두 감출 정도로 강하면서 톡 쏘는 자극적인 향과 매운맛이 특징이다. 카레가루, 칠리 파우더의 주원료로 삶은 요리에 많이 사용하며 스페인에서는 사프란, 시나몬과 함께 찜요리에 사용한다.

### (32) 커민씨(cumin seed)

원산지는 시리아, 레바논, 이집트, 지중해 연안으로 모양이나 크기가 캐러웨이씨와 비슷하지만 커민씨가 더 길고 가늘며 진한 향이 난다. 커민씨에는 2.5~4%의 정유가 함유되어 있는데 정유에는 구

미날 성분이 들어 있으며, 이는 타는 듯한 매운맛을 내는 성분을 포함한다. 모로코의 케밥, 중동과 북아프리카 전통요리인 쿠스쿠스, 인도의 카레요리나 탄두리 치킨, 그 외 고기요리에 쓰이고, 네덜란드 에담 치즈와 독일 뮌스터 치즈에도 이용된다. 스페인과 포르투갈에서는 소시지의 향을 내는 데 쓰인다.

### (33) 코리앤더(coriander)

고수풀, 중국 파슬리라고도 하며 잎과 줄기만을 가리켜 실란트로(cilantro)라고 부르기도 한다. 달콤한 레몬 같은 방향성이 있는 향과 옅은 단맛이 특징이다. 주로 잎과 씨앗이 이용되는데 잎에는 비타민 C가 풍부하게 포함되어 있다. 특히 태국음식에 많이 이용되며 샐러드, 국수, 육류, 생선, 가금류, 소스, 가니쉬 등에 사용된다.

### (34) 코리앤더씨(coriander seed)

원산지는 지중해 연안으로 미나리과의 한해살이풀인 코리앤더의 씨앗이다. 옅은 갈색의 둥근 모양으로 세로로 줄무늬 홈이 나 있는 것이 특징이다. 벌레를 뜻하는 그리스어의 '코로'에서 유래되었는데 이는 열매가 익기 전에 악취를 내기 때문에 붙은 이름이다. 잘 익은 열매는 상큼한 레몬과 비슷한 방향성 향기가 나며 맛은 옅은 단맛이 느껴지는 감귤류와 비슷하다. 껍질을 벗기지 않고 통째로 생선요리, 빵, 케이크에 넣기도 한다. 분말은 소시지에 넣거나 카레 또는 구이용 육류요리에 맛을 더하는 데 이용한다.



### (35) 크레송(cresson)

원산지는 유럽 중부에서 남부, 아시아 남서부로 향긋하면서 톡 쏘는 매운맛과 후추향 비슷한 쌉쌀하고 상쾌한 맛이 특징이다. 어린 경엽은 샐러드나 수프로, 종자는 향신료로 많이 사용된다. 녹즙으로 먹기도 하며 샐러드, 스테이크, 생선요리에도 사용한다.

### (36) 타라곤(tarragon)

원산지는 유럽 남부, 서남아시아로 쌉쌀하고 매콤한 맛과 달콤한 후추향이 특징이다. 요리에는 주로 잎을 사용하는데 오랫동안 유지되는 은은한 향미가 있어 이탈리아요리에 애용된다. 세계적으로 유명한 타라곤 식초는 타라곤을 식초에 담가 수 주간 숙성시킨 것으로 샐러드드레싱, 소스, 마요네즈에 사용한다. 토마토요리, 스파게티, 생선요리에 이용되는 각종 소스 등에도 쓰인다.

### (37) 타임(thyme)

강한 살균력이 있어 술이나 치즈의 맛을 내는 부향제로 쓰이며 햄, 소시지, 치즈, 소스, 채소수프, 케첩, 피클 같은 저장 식품의 보존제로도 쓰인다. 다른 허브와 분명하게 구별되는 강한 향이 있어 적당량만 사용하며 양고기, 사슴, 노루 같은 냄새가 강한 고기나 소스 등에 많이 이용한다. 피자나 파스타에 뿌려 먹거나 샐러드에 넣기도 한다.

### (38) 터머릭(turmeric)

생강과 비슷하게 생긴 식물인 심황의 뿌리를 말린 것으로 생강처럼 매운맛이 나지는 않는다. 카레가루의 황색을 내는 재료로 주로 이용된다.

### (39) 파슬리(parsley)

엽록소가 풍부하고 살균 작용을 하며, 서양 기초요리에 많이 쓰이는 3대 향신료 중 하나이다. 그러나 파슬리 잎을 육수에 넣으면 색이 탁해지고 향이 너무 강해질 수 있으므로 줄기를 사용한다. 파슬리 줄기에는 풍미가 있어 후추, 월계수와 혼합해서 쓰면 소스의 풍미를 더해 준다.

### (40) 스타 아니스(star anise)

원산지는 중국, 베트남, 인도로 목련과 상록수의 열매이다. 이 열매를 건조하여 분말 형태로 만든 후 향신료로 이용하는데, 배뇨 촉진과 식욕 증진의 효과가 있다. 단단한 껍데기에 싸인 꼬투리 여덟 개가 마치 별처럼 붙어 있는 모양이라고 해서 팔각이라고 부르기도 한다. 오리나 돼지고기를 이용한 요리 중 찜이나 조림처럼 오래 조리하는 요리에 첨가하면 주재료의 나쁜 냄새를 제거하면서 독특한 향을 내어 요리의 맛을 살려 준다. 이탈리아, 프랑스, 터키에서는 이것의 정유를 파스티스 등 리큐어의 향신료로 쓴다.

### (41) 후추(pepper)

원산지는 인도 남부로 후추나무의 열매이다. 이 열매가 완전히 익기 전에 따서 햇볕에 말리면 검어지는데(black pepper) 맵고 향기로운 특이한 풍미가 있어 조미료 및 향신료, 구풍제, 건위제 등에 이용된다. 열매가 완전히 익으면 붉은색(red pepper)으로 변하는데, 일반적으로 검은 후추가 더 맵고 톡 쏘는 맛이 강하다. 성숙한 열매의 껍질을 벗겨서 건조시킨 흰 후추(white pepper)는 검은 후추보다 향이 강하지 않다. 가루보다는 통후추가 더 매운맛이 나며 고기나 생선의 누린내나 비린내를 없애는 데 이용된다.

### (42) 펜넬(fennel)

원산지는 지중해 연안으로, 중국에서는 회향이라고 한다. 생선의 비린내, 육류의 누린내를 잡아 준다.

# 4
# 스톡과 소스

## 1) 스톡

스톡(stock)은 뼈나 채소를 물에 넣고 끓여 맛과 향, 색 등을 낸 육수이다. 불어로는 퐁(fond)이라고 한다. 서양요리에서 스톡은 요리의 맛을 좌우하는 기본 요소로 수프, 소스, 스튜를 비롯하여 모든 요리에 바탕을 이루고 있다.

스톡의 기본재료는 육류, 생선, 가금류나 이들의 뼈, 채소, 향신료 등이다. 스톡의 성격을 좌우하는 것은 뼈의 종류이며 풍미는 주로 채소에 의해, 향은 향신료에 의해 결정된다고 할 수 있다. 뼈는 잡냄새가 없고 깨끗하며 육류 본연의 향미가 나야 한다. 특히 돼지는 특유의 냄새가 나므로 클로브 등의 향신료를 적절히 사용해야 한다. 생선을 이용하는 경우 광어나 도미 등 흰 살 생선의 뼈를 이용하고 생선의 비늘이나 껍질, 아가미, 지느러미, 눈, 내장 등을 완전히 제거하고 사용해야 한다.

스톡의 잡냄새를 없애고 향미를 증진시키기 위해서는 양파, 당근, 셀러리, 대파 등을 첨가하는데 이를 미르포아(mirepoix)라고 한다. 조리하는 사람마다 약간의 차이는 있으나 일반적으로 양파, 당근, 셀러리의 비율을 2:1:1로 하여 만든다. 향신료의 경우 스톡에 따라 그 종류가 달라진다. 스톡을 만들 때 주로 사용하는 향신료는 파슬리 줄기, 통후추, 월계수잎, 타임, 정향, 로즈메리 등으로 이들을 묶음으로 만들어 스톡에 넣을 수 있는데, 이를 부케가르니(bouquet garni)라고 한다. 스톡과 거의 비슷한 의미를 가진 브로스(broth)는 불어로 부이용(bouillon)이라고 하는데, 이것은 육류나 가금류·채소 등을 끓는점 이하의 온도에서 조리할 때 부산물로 얻어지는 국물로 스톡보다 농도가 진하다. 즉, 퐁은 엷은 스톡에 해당하며 다른 음식을 만들기 위한 재료로 사용하고 퐁을 3배 정도 농축한 진한 스톡인 부이용은 그 자체로도 서빙이 가능하다.

#### (1) 화이트 스톡(white stock)

스톡 중에서 가장 기본이 되는 것으로 찬물에 닭, 송아지(veal) 또는 소(beef)의 뼈를 채소와 함께 끓인 다음 약간의 양념을 더한 것이다. 요리의 색을 변화시키지 않도록 해야 하고 끓일 때 다른 색이 우러나지 않도록 주의해야 한다.

#### (2) 브라운 스톡(brown stock)

뼈와 채소를 오븐 혹은 팬에 구워 색을 낸 후, 물 등을 붓고 낮은 온도에서 장시간 우려낸 것이다. 화이트 스톡과의 가장 큰 차이점은, 모든 재료 속에 포함되어 있는 당 성분이 열에 의해 표면이 갈색으로 변해야 하고 토마토 페이스트와 같은 토마토 부산물을 첨가하여 스톡의 색을 진하게 우려낸다는 점이다.

### 2) 소스

소스(sauce)라는 단어는 라틴어의 'salsus(salted: 소금을 첨가하다)'에서 유래되었다. 소스는 서양요리에서 맛이나 색을 더 좋게 하는 보조 역할을 하며 식품에 넣거나 위에 끼얹는 액체 또는 반유동 상태의 조미료를 총칭한다. 이는 주재료와 어우러져 음식의 맛을 향상시키고 식감과 풍미를 한층 높여 준다. 소스의 기본 재료는 스톡(stock)과 농후제(thickening agent)이다.

스톡은 소스의 맛을 결정하는 가장 기본이 되는 재료이다. 앞서 다루었듯이 서양요리의 스톡은 쇠고기, 돼지고기, 닭고기, 생선, 채소와 향신료 등 다양한 식재료를 이용해 깊은 본연의 맛을 우려내어 소스의 기본 재료로 사용한다.

농후제란 액체의 농도를 진하게 하는 것으로 소스나 수프 등을 진하게 하려는 목적 외에도 음식의 맛이나 모양, 색을 변화시키는 데 사용된다. 대표적인 소스 농후제는 루(roux), 전분(starch), 베르마니에(beurre manie), 리에종(liaision) 등이다. 가장 많이 쓰이는 농후제인 루는 팬에 동량의 버터와 밀가루를 넣고 볶은 것으로, 버터의 지방 성분이 밀가루의 성분를 싸서 서로 엉기는 것을 방지해 준다. 이때 루를 볶는 냄비가 두꺼워야 타거나 눌어 붙는 것을 방지할 수 있다. 루는 조리시간에 따라 화이트 루, 브론디 루, 브라운 루로 구분된다. 화이트 루를 만들 때는 밀가루와 버터를 넣고 볶다가 기포가 올라오고 밝은색을 띨 때 불을 끈다. 브론디 루는 화이트 루보다 조금 더 색을 낸 것으로 밀가루에서 캐러멜화가 시작되기 바로 직전에 불을 꺼서 만든다. 이 루는 아이보리 소스(ivory sauce)와 벨루테 소스(veloute sauce)에 주로 사용된다. 브라운 루는 짙은 갈색이 나게 볶는 것으로 주로 향이 강하고 짙은 소스에 사용된다. 루를 볶을 때는 루가 타지 않도록 주의한다.

전분을 농후제로 사용할 때는 주로 스톡에 풀어서 사용한다. 이 방법은 간편하지만 분리되기 쉽고 농도 조절 후 식어서 재가열 시 처음과 같은 품질이 나오지 않는다.

베르마니에는 불어로 '반죽한 버터'라는 뜻이며 밀가루와 녹은 상태의 버터를 동량으로 섞어 완전히 부드러워질 때까지 나무주걱 등으로 반죽한 것을 말한다. '볶지 않은 루'라고 표현하기도 하며 요리의 중간 농도를 조절하기 용이하게 하고 버터의 성분이 소스의 향과 색을 좋게 하기도 한다.

리에종은 달걀노른자와 생크림의 혼합물로 주로 달걀노른자 1에 생크림 3 정도의 비율을 사용한다. 달걀노른자와 생크림이 소스나 수프에 풍미와 영양을 더해 주고 부드러움과 색을 조절해 준다. 리에종을 끓는 소스에 넣을 때는 거품기로 재빠르게 저어 주어야 하는데 이때 너무 뜨거우면 달걀이 익어 소스에 덩어리가 생기고 농도 조절이 어려워지므로 소스를 완성한 후 서브하기 직전에 넣어야 한다.

# CHAPTER 3
# CULINARY PRESENTATION

# 1
# 컬리너리 프레젠테이션과 식기

음식을 테이블에 프레젠테이션(presentation)할 때는 여러 아이템이 필요하다. 테이블웨어, 테이블 리넨, 글래스웨어, 커트러리 등이 적절히 조화를 이룰 때 하나의 프레젠테이션이 완성된다고 할 수 있다. 즉, 프레젠테이션을 할 때는 음식은 물론 식탁 위의 물건 등을 고려하여 전체적인 조화가 이루어지도록 해야 한다.

## 1) 테이블웨어

테이블웨어(tableware)는 식탁 위에 사용되는 각종 그릇을 총칭하는 말로 차이나(china)라고도 한다. 메뉴가 정해지면 가장 먼저 고려해야 하는 것으로 그 종류가 다양하며 재질에 따라 그 용도를 구분할 수 있다.

테이블웨어는 재질에 따라 토기, 도기, 자기, 본차이나 등으로 분류된다. 약 600~800℃에서 구워진 토기는 대부분 유약을 바르지 않는 형태이며 현재는 식기로 사용되지 않는다. 도기는 질그릇이라고도 하며 붉은 흙 도토(陶土)로 만들어 약 600~900℃에서 구운 용기인데 착색이 쉬워 다양한 색과 무늬를 표현할 수 있다. 빛을 통과시키지 않으며 두드리면 둔탁한 소리가 난다. 자기는 자토, 즉 고령토인 카올린으로 빚어 약 1,300~1,400℃에서 딱딱하게 밀폐시켜 구운 것으로 도자기 중에서 가장 단단하고 실용적이며 흡수성이 없다. 굽는 동안 고령토가 유리화되어 식기에 나이프 자국이 나지 않으며 두드리면 맑은 소리가 난다. 본차이나는 소와 같은 가축의 뼈를 태운 재를 첨가한 것으로, 연한 우유색의 부드러운 광택이 난다. 약 1,260℃에서 구워지며 골회를 많이 첨가할수록 질이 좋아진다. 소뼈의 재를 50% 이상 섞은 것은 파인 본차이나(fine bone china)라고 한다.

테이블웨어는 세척 시 중성세제를 따뜻한 물에 풀어 부드러운 천이나 스펀지로 닦는다. 경질자기가 아닌 경우에는 물속에 오래 담가 두면 수분을 흡수하여 깨지기 쉬우므로 빨리 씻어 말린다. 금속 장식이 있는 테이블웨어를 오븐이나 전자레인지에 사용하면 금속이 전파를 반사시켜 장식에 자국이 남거나 얼룩이 생길 수 있으므로 주의한다. 세척 시 손으로 닦아 주는 것이 테이블웨어를 오래 보관할 수 있는 방법이다.

테이블웨어를 쌓아서 보관할 때는 종이타월이나 천 등을 바닥 사이사이에 끼워 보관해야 오랫동안 사용할 수 있다. 크기나 모양이 다른 테이블웨어를 쌓아 두면 무게 때문에 깨질 수 있으므로 같은 크기나 모양의 테이블웨어를 보관하는 것이 좋다.

테이블웨어는 용도에 따라 다음과 같이 분류할 수 있다.

### (1) 서비스 플레이트(service plate)

서양에서 주식을 담는 식기의 대표적인 테이블웨어인 플레이트는 목적에 따라 쓰임이 다양하다. 이 중 장식용 접시인 서비스 플레이트는 언더 플레이트(under plate)라고도 하며, 앉는 위치를 결정하기 위해 테이블에서 각 자리 중심에 놓인다. 레스토랑에서는 주로 30cm 정도의 접시가 사용되고 착석 후에는 바로 치워지거나 음식을 담은 플레이트를 서비스 플레이트 위에 겹쳐서 세팅하기도 한다.

### (2) 디너 플레이트(dinner plate)

메인요리용 접시이다. 서비스 플레이트로도 사용되며 테이블 크기에 따라 30cm, 27cm, 25cm가 사용된다.

### (3) 디저트 플레이트(dessert plate)

주로 샐러드용과 디저트용으로 쓰이지만 라이스용으로도 사용된다. 일반적으로 21cm 정도의 크기를 사용한다.

### (4) 케이크 플레이트(cake plate)

케이크와 빵 등을 담는 플레이트로 크기는 18cm가 일반적이다.

### (5) 브레드 플레이트(bread plate)

빵을 담는 접시인데 음식을 덜어 담는 접시로도 사용할 수 있다. 크기는 16cm가 일반적이다.

### (6) 수프 플레이트(soup plate)

수프, 스튜 등을 담을 때 사용한다. 크기는 23cm, 19cm가 일반적이다.

### (7) 시리얼 볼(cereal bowl)

시리얼이나 샐러드를 담는 식기이다. 크기는 16cm, 17cm가 일반적이다.

### (8) 베리 플레이트(berry plate)

디저트용 과일이나 샐러드 등의 음식을 덜어서 담는 접시이다. 크기는 14cm가 일반적이다.

### (9) 플래터(platter)

샌드위치나 핑거푸드 등을 담는 접시로 크기는 30~41cm가 일반적이다.

### (10) 샐러드 볼(salad bowl)

샐러드를 담는 접시로 크기는 20~25cm가 일반적이다.

### (11) 찻잔 세트

홍차를 마실 때 사용하며 용량은 200cc 전후이다. 구경이 넓고 높이가 낮은 것이 특징이다.

### (12) 커피잔 세트

커피를 마실 때 사용하며 용량은 200cc 전후이다. 차·커피 겸용으로도 사용되고 있다.

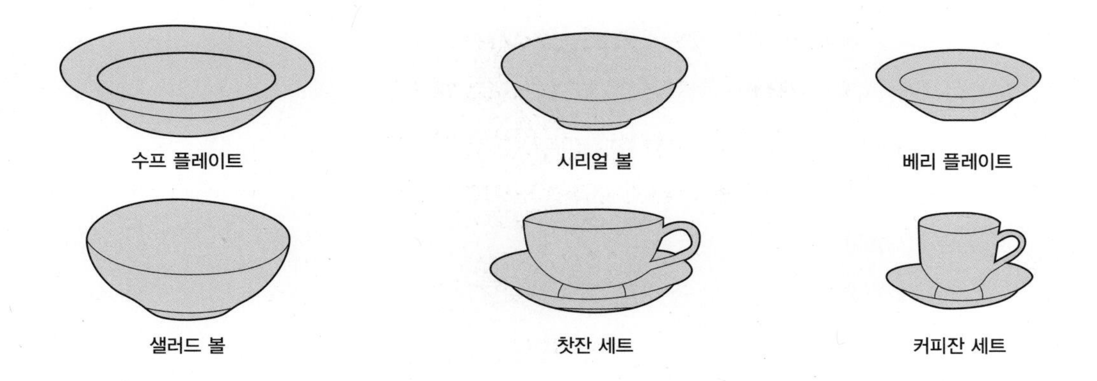


### 2) 글래스웨어

유리로 만든 잔을 총칭하여 글래스웨어(glassware)라고 한다. 그중에서도 손잡이가 가늘고 긴 유리잔은 스템웨어(stemware)라고 한다. 글래스웨어는 오른쪽 그림과 같이 부위별 명칭을 가지고 있다.

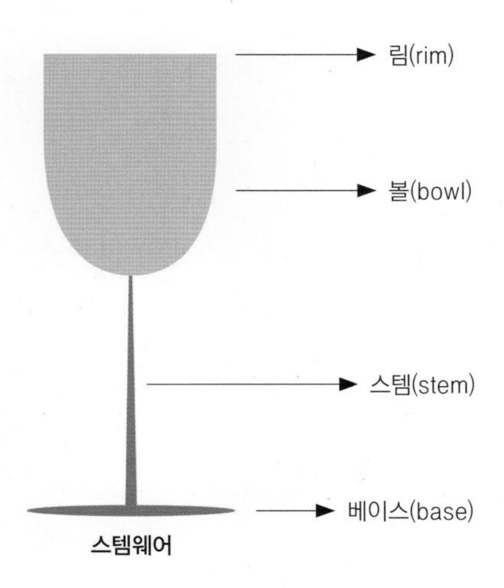

스템웨어

글래스웨어는 기름기 있는 손이나 행주에 닿으면 뿌옇게 변하므로 주의해야 한다. 손질할 때는 중성세제를 푼 미지근한 물에서 글래스 전용 브러시나 스펀지로 깨끗이 닦고 미지근한 물로 헹구며 물기를 잘 제거해야 한다. 즉, 세척 후에는 천을 깐 쟁반에 놓고 어느 정도 물기가 빠지면 맨손으로 잡지 말고 마른 행주를 씌워 닦아야 지문이나 얼룩이 생기지 않고 투명하게 유지된다.

글래스는 용도에 따라 다음과 같이 분류할 수 있다.

#### (1) 레드와인 글래스(red wine glass)

가늘고 긴 손잡이가 달린 스템웨어(stemware)이다. 주로 용량이 180mL 이상인 잔을 사용한다.

### (2) 화이트와인 글래스(white wine glass)

화이트와인은 레드와인보다 차갑게 해서 마시므로 레드와인 글래스보다 용량이 적고 손잡이가 긴 잔을 사용한다. 주로 용량이 150mL 이상인 잔을 사용한다.

### (3) 고블릿(goblet)

스템웨어로 물을 마실 때 사용한다. 맥주나 주스 등 비알코올성 음료를 마실 때도 사용한다.

### (4) 샴페인 글래스(champagne glass)

주로 두 가지 형태가 사용된다. 하나는 탄산이 공기 중으로 날아가는 것을 늦추는 기다란 플루트(flute) 형태의 샴페인 글래스이고, 다른 하나는 음료를 빨리 마실 때 사용하는 쿠프(coupe) 형태의 샴페인 글래스이다. 플루트 형태의 잔은 기포가 오랫동안 유지되고 쿠프 형태의 잔은 주로 행사장에서 건배용으로 사용된다.

### (5) 브랜디 글래스(brandy glass)

스템웨어로 향이 사라지지 않도록 입구를 좁게 만든 것이 많다. 체온으로 따뜻하게 데우면 향을 강하게 느낄 수 있으므로 손바닥으로 쉽게 감쌀 수 있도록 스템이 짧다.

### (6) 디캔터(decanter)

오래된 고급 레드와인의 침전물을 제거하고 와인을 산소와 접촉시켜 풍부한 향을 발산하도록 하는 데 사용한다.

### (7) 올드 패션 글래스(old fashioned glass)

위스키를 온더락으로 마실 때나 주스 등의 비알코올성 음료를 마실 때 사용된다. 미국의 한 클럽에서 경마 팬을 위해 만들어진 올드 패션 칵테일에서 그 이름이 비롯되었다.

고블릿　　샴페인 글래스　　브랜디 글래스　　디캔터　　올드 패션 글래스

### 3) 커트러리

식탁에서 음식을 먹기 위해 사용하는 스푼, 나이프, 포크를 통틀어서 커트러리(cutlery)라고 한다. 플랫웨어(flatware)라고도 하며 은과 은도금 제품이 고급스럽기는 하지만 변색되기 쉽다는 단점이 있다. 따라서 최근에는 은 대용으로 견고하고 광택이 있으며 녹슬지 않는 스테인리스 스틸(stainless steel)을 주로 사용한다.

커트러리는 더운 공기, 먼지, 햇빛에 의해 변색이 일어날 수 있으므로 주의하도록 한다. 특히 은제품을 보관할 때는 변색 방지용 가방이나 천을 사용하는 것이 좋다. 또한 은과 스테인리스 스틸을 함께 세척하는 것을 피하고 쉽게 자국이 생기거나 긁히지 않도록 은제품은 세로 방향으로 길게 닦아 주는 것이 좋다.

커트러리는 용도에 따라 다음과 같이 분류할 수 있다.

#### (1) 테이블 스푼(table spoon)

수프를 먹을 때 사용하며 테이블에 등장하는 스푼 중 가장 크다.

#### (2) 테이블 포크(table fork), 테이블 나이프(table knife)

메인요리를 먹을 때 사용하며 테이블에 등장하는 포크와 나이프 중 가장 크다.

**(3) 피시 포크(fish fork), 피시 나이프(fish knife)**

생선요리를 먹을 때 사용한다. 피시 나이프는 날의 끝이 무디고 면적은 넓어 생선 가시를 골라 낼 때 용이하다.

**(4) 디저트 스푼(dessert spoon), 디저트 포크(dessert fork), 디저트 나이프(dessert knife)**

디저트를 먹을 때 사용한다. 디저트 스푼은 날이 좁고 둥글며 뾰족한 끝부분이 특징이다.

**(5) 오르되브르 포크(hors-d'oeuvre fork), 오르되브르 나이프(hors-d'oeuvre knife)**

식욕을 돋우는 전채요리를 먹을 때 사용되며 사이즈는 디저트 포크, 디저트 나이프와 비슷하다.

**(6) 티스푼(tea spoon), 커피스푼(coffee spoon)**

차를 마실 때 사용되는 티스푼은 찻잔의 크기에 맞는 사이즈로 유럽에 차가 소개된 1615년경 등장하였다. 커피스푼은 에스프레소 등에 설탕을 넣고 젓는 데 사용한다.

### 4) 테이블 리넨

고급 마직을 뜻하는 리넨은, 서양에서는 넓은 의미로 식탁에 사용되는 모든 직물을 총칭한다. 즉 식사할 때 사용되는 각종 천류를 총칭하여 테이블 리넨(table linen)이라고 한다.

최근에는 세탁이나 다림질의 간편함을 우선으로 한 혼방제품과 방수가공제품이 일반 가정에서 주로 사용되고 있다. 천연소재인 마는 고급 호텔과 레스토랑에서 주로 사용되며 천연섬유 중 가장 강하고 잘 늘어나지 않으며 튼튼하고 세탁에도 강하다. 면은 부드럽고 열에 강하며 다른 소재에 비해 염색성이 좋다. 합성 소재인 폴리에스테르는 천연섬유에 가깝고 탄력성이 있어 관리가 쉬워 일반 호텔과 레스토랑 등에서 많이 사용된다.

리넨은 손질법과 보관법에 따라 수명이 달라지기 때문에 손질과 보관에 주의해야 한다. 세탁 시에는 변색이 될 수 있으므로 일부만 세탁해 본 후 전체를 세탁해야 한다. 세탁 후에는 완전히 마르기 전에 주름을 펴서 말리면 다림질이 쉬워진다. 테이블클로스의 경우 주름이 많이 생기는 것을 피하기 위해 테이블클로스와 같은 길이의 원통 모양 막대에 보관하면 재사용이 편리하다. 리넨류를 비닐봉지에 보관하면 습기가 빠져나가지 못해 변색될 수 있으므로 주의한다.

테이블 리넨은 용도별로 다음과 같이 분류할 수 있다.

#### (1) 테이블 클로스(table clothes)

식탁의 분위기와 색을 표현해 주는 중요한 역할을 한다. 색상, 무늬, 디자인, 재질 등에 따라 다양한 분위기를 연출할 수 있다.

#### (2) 언더 클로스(under clothes)

테이블 클로스 아래에 까는 클로스로 식기의 미끄러짐을 방지하고 식기류를 내려놓을 때 소리가 나지 않도록 해 주어 사일런트 클로스(silent cloth)라고도 부른다. 언더 클로스는 두꺼운 직물이 좋다.

#### (3) 톱 클로스(top clothes)

테이블 클로스를 위에 한 장 더 깔아 코디네이트한 것으로, 다양한 테이블 스타일을 연출하는 데 사용한다. 가로세로 100×100cm의 정사각형이 일반적인 모양이다.

#### (4) 플레이스 매트(place mat, table mat)

주로 캐주얼한 분위기를 연출할 때 사용하며 천 외에 석판, 대리석, 거울, 대나무 등 다양한 소재를 이용할 수 있다.

#### (5) 냅킨(napkin)

여러 형태로 접어 테이블 위를 장식하거나 식사 시 옷이 더러워지는 것을 방지하기 위해 무릎 위에 놓는다. 이외에도 와인을 따를 때 병 입구로 흘러내리는 와인 방울을 닦아 내는 데 사용한다. 기능적인 역할과 장식적인 역할을 동시에 하며 접는 방법에 따라 분위기를 다르게 연출할 수 있다.

### (6) 테이블 러너(table runner)

테이블 클로스 위 혹은 아무것도 없는 식탁 위를 가로지르는 좁고 긴 원단이다.

### (7) 브리지 러너(bridge runner)

테이블 폭이 좁은 방향으로 까는 러너이다. 폭은 40~50cm, 길이는 120~125cm로 일반적으로 테이블 좌우에 두 개를 깔아 사용한다. 그 사이에 꽃 등을 놓아 장식하는데 테이블 매트보다 기능적인 면에서 우아한 분위기를 연출할 수 있다.

### (8) 도일리(doily)

식기의 마찰이나 소음, 흠집을 막기 위해 사용한다. 주로 레이스 자수로 이루어진 원형의 직물이다.

# 2
# 컬리너리 프레젠테이션의 실제

서양요리에서는 한 사람을 위한 가장 간단한 테이블 연출에도 테이블 세팅의 모든 원칙이 적용된다. 테이블 세팅에는 기본적인 아이템만 테이블에 놓는 기본 테이블 세팅법, 격식이 있는 테이블 연출을 위한 정찬 테이블 세팅법이 있다.

## 1) 기본 테이블 세팅(basic table setting)

대부분의 캐주얼한 상황에 적합한 테이블 연출 방법으로, 가장 기본이 되는 테이블 아이템들을 세팅한다.

**테이블 세팅법**

❶ 테이블에 언더클로스를 깐다.

❷ 언더클로스를 깐 후 그 위에 테이블클로스를 깐다. 크기는 테이블에서 30cm 정도 떨어지는 사이즈가 좋다.

❸ 서비스 플레이트를 놓는다.

❹ 빵 접시는 서비스 플레이트 왼쪽 상단이나 왼쪽에 놓는다. 인원이 많은 경우 테이블 공간 활용을 위해 서비스 플레이트 왼쪽에 세팅하는 방법이 주로 사용된다.

❺ 고블릿과 와인 글래스는 서비스 플레이트 오른쪽 위쪽에 세팅한다.

❻ 가장 기본이 되는 커트러리인 테이블 나이프, 테이블 스푼은 서비스 플레이트 오른쪽에, 테이블 포크는 왼쪽에 세팅한다.

❼ 냅킨은 일반적으로 서비스 플레이트 위에 세팅하지만 서비스 플레이트 왼쪽에 놓기도 한다.

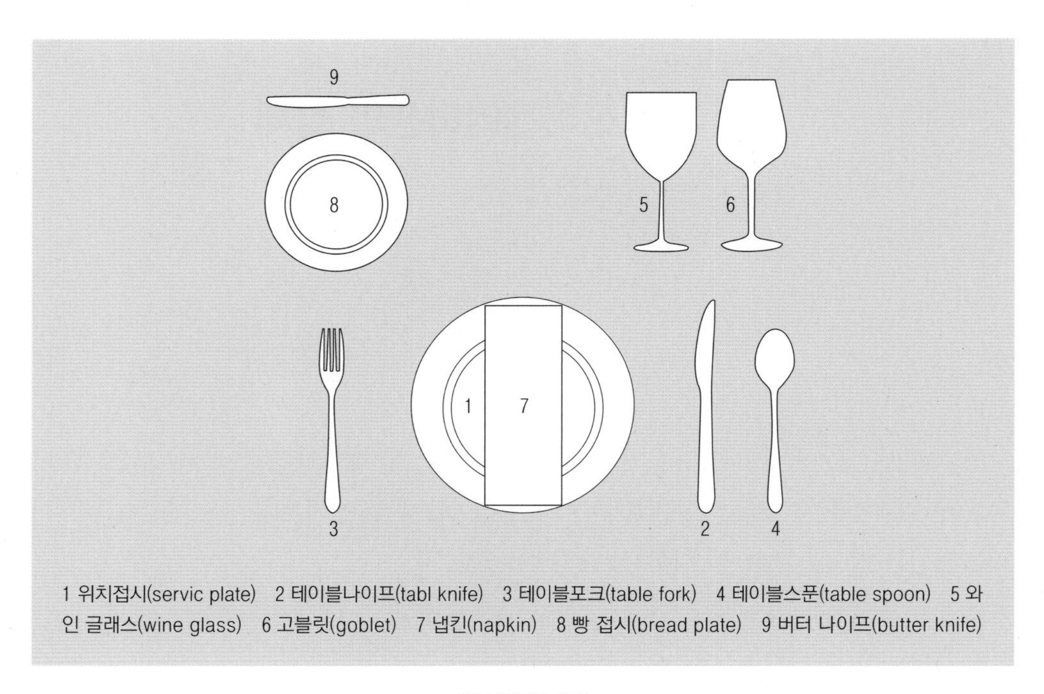


기본 테이블 세팅

## 2) 정찬 테이블 세팅(formal table setting)

격식을 갖춘 정찬에 적합한 테이블 연출 방법이다. 정찬 테이블에서는 메인요리를 다 먹으면 모두 정리 후 디저트용 커트러리를 세팅하지만 결혼식이나 리셉션 등 인원이 많을 경우에는 디저트용 커트러리까지 세팅해 놓기도 한다. 오르되브르용 커트러리, 생선요리용 커트러리, 메인요리용 커트러리는 서비스 플레이트 좌우에 세팅하며 디저트용 커트러리까지 모두 세팅할 경우에는 서비스 플레이트 위쪽에 세팅한다. 이때 디저트용 나이프와 디저트용 포크의 방향에 유의하며 세팅한다.

**테이블 세팅법**

❶ 테이블에 언더클로스를 깐다.

❷ 언더클로스를 깐 후 그 위에 테이블클로스를 깐다. 크기는 테이블에서 30cm 정도 떨어지는 사이즈가 좋다.

1 서비스 플레이트(service plate) 2 빵 접시(bread plate) 3 테이블 나이프(table knife) 4 테이블 포크(table fork) 5 피시 나이프(fish knife) 6 피시 포크(fish fork) 7 오르되브르 나이프(hors-d'œuvre knife) 8 오르되브르 포크(hors-d'œuvre fork) 9 테이블 스푼(table spoon) 10 디저트 포크(dessert fork) 11 디저트 나이프(dessert knife) 12 디저트 스푼(dessert spoon) 13 커피 스푼(coffee spoon) 14 버터 나이프(butter knife) 15 화이트와인 글래스(white wine glass) 16 레드와인 글래스(red wine glass) 17 고블릿(goblet) 18 샴페인 글래스(champagne glass) 19 냅킨(napkin)

**정찬 테이블 세팅**

❸ 서비스 플레이트를 놓는다. 테이블 가장자리에서 3cm 떨어진 곳에 세팅한다.

❹ 서비스 플레이트 왼쪽 상단에 빵 접시를 세팅한다.

❺ 서비스 플레이트 오른쪽 상단에 고블릿, 레드와인 글래스, 화이트와인 글래스, 샴페인 글래스를 세팅한다.

❻ 서비스 플레이트 오른쪽에 테이블 스푼, 테이블 나이프, 피시 나이프, 오르되브르 나이프를 세팅하고 왼쪽에 테이블 포크, 피시 포크, 오르되브르 포크를 세팅한다. 테이블에 여러 종류의 커트러리가 세팅되어 있을 경우 바깥쪽 커트러리부터 사용한다. 커트러리는 테이블 가장자리에서 4cm 떨어진 곳에 세팅한다.

❼ 서비스 플레이트 위쪽에 디저트 나이프, 디저트 포크, 디저트 스푼을 세팅한다. 차가 제공될 경우 티스푼을, 커피가 제공될 경우 커피 스푼을 디저트 스푼 위쪽에 세팅한다.

❽ 정찬 테이블에서 냅킨은 반드시 서비스 플레이트 위나 빵 접시 위에 세팅한다. 사람의 손길이 많이 가는 복잡하게 접는 방법은 위생상 사용하지 않는 것이 좋다.

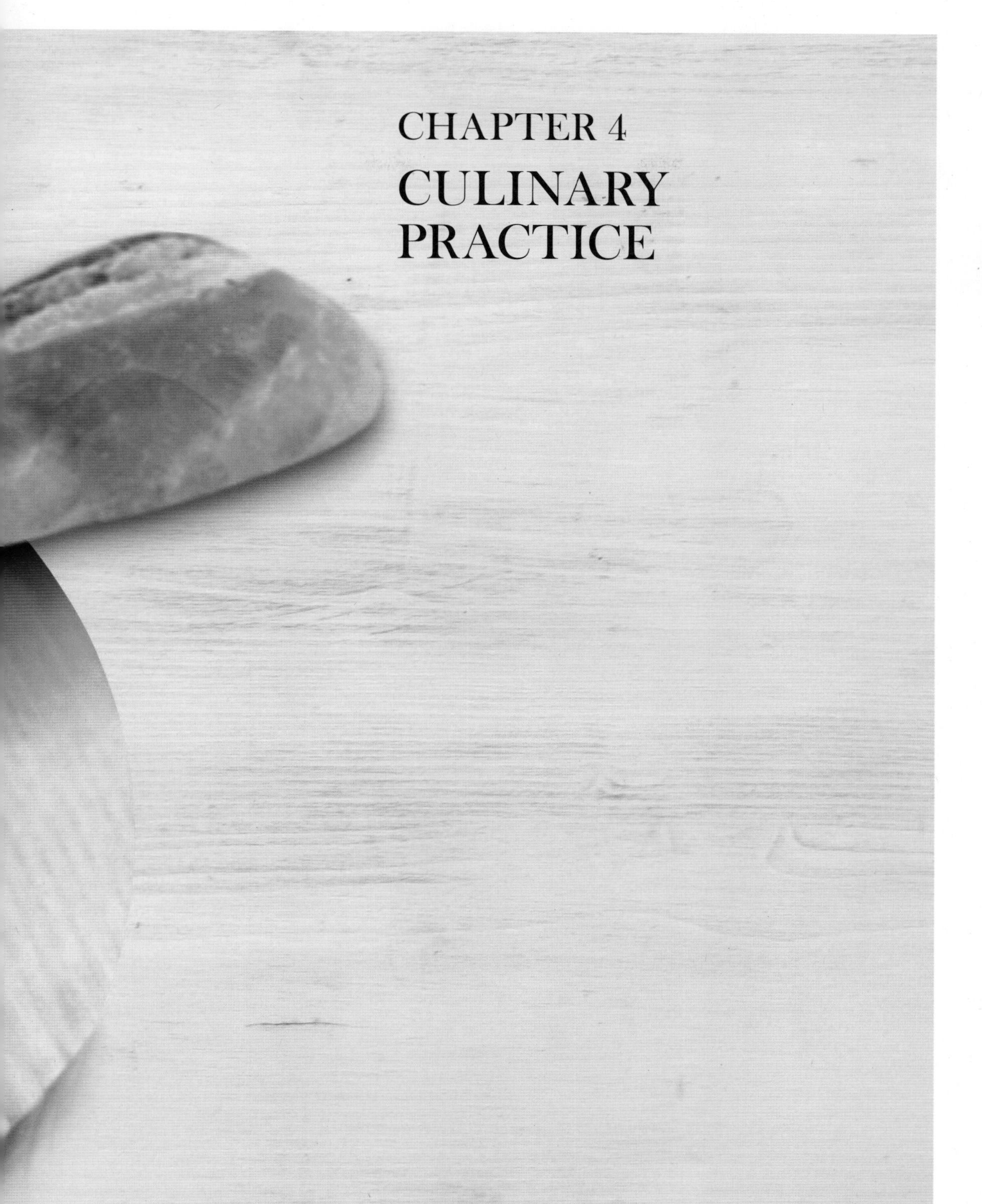

# CHAPTER 4
# CULINARY PRACTICE

# 1 샐러드와 샐러드드레싱

## 1) 샐러드

원래 샐러드는 소금을 뿌려 먹었던 습관에서 유래된 것으로 소금이란 뜻을 가진 라틴어 'sal'에서 파생되어 변천되었으며 영어로는 'salad(샐러드)', 불어로는 'salade(살라드)', 이탈리아어로는 'insalata(인살라타)'라고 불린다. 일반적으로 샐러드는 사용하는 재료와 만드는 방법, 곁들이는 드레싱, 제공 온도에 따라서 다양하게 나눌 수 있으며 식사의 다양함과 풍미를 높이고 식욕을 돋우는 중요한 역할을 한다.

샐러드의 주요 요소는 기본 재료, 주재료, 가니시(garnish), 드레싱(dressing)을 기본으로 구성된다. 주재료는 샐러드를 구성하는 중심 재료를 말하며 기본 재료는 보통 신선한 녹색 잎 채소이며 최근에는 여러 가지 색을 지닌 잎채소가 재배되어 다채로운 샐러드를 만드는 데 활용되고 있다. 여기에 가니시를 이용하면 샐러드의 전체적 조화를 이루거나 다양한 질감을 첨가시켜 먹는 사람에게 즐거움을 줄 수 있다. 드레싱은 샐러드의 맛을 결정짓는 중요한 요소로서 향미를 증진시키고 식욕을 돋우는 역할을 한다.

샐러드는 주로 정찬 메뉴 코스 중의 하나로 이용되나 전채요리 대신 사용하기도 하고, 주요리에 곁들여 내기도 한다. 샐러드를 정찬의 코스나 주요리에 곁들여 낼 때는 가볍고 향취가 있는 재료와 식욕을 자극할 수 있는 새콤하고 산뜻한 드레싱을 선택하는 것이 좋으며, 정찬의 다른 메뉴를 고려하여 비교적 적은 양을 제공해야 한다. 최근에는 샐러드를 주요리로 많이 이용하기도 하는데 이때는 수조육류, 어패류, 달걀 등 단백질 식품을 많이 활용하여 한 끼 식사로 양과 영양이 충분하도록 만들어야 한다. 샐러드의 영양가를 고려한다면 호두, 해바라기씨 등의 견과류나 치즈를 첨가하는 것도 좋은 방법이다.

샐러드는 사용되는 재료, 드레싱, 혼합 방법 등에 따라 다양하게 분류할 수 있는데 일반적으로 다음과 같이 분류할 수 있다.

### (1) 토스 샐러드(tossed salad)

토스 샐러드는 가장 일반적인 샐러드로 다양한 샐러드 그린(녹색잎 채소)과 가니시(토마토, 양파, 오이 등)를 드레싱과 가볍게 섞은 것이다. 이 샐러드는 양상추, 로메인 등 잎채소를 기본으로 하는데 이때 이용되는 채소들은 세척 후 물기를 잘 제거해야 한다. 재료에 물기가 많으면 드레싱을 뿌렸을 때 재료에 적절히 배지 않고 겉돌게 된다. 가니시는 색감과 식감을 고려한 다양한 채소를 이용할 수 있고 이외에 견과류, 치즈류, 과일류 등을 기호에 맞게 사용하면 된다.

드레싱은 가벼운 비네거와 오일 베이스의 드레싱부터 핫 베이컨 드레싱까지 무난하게 사용할 수 있다. 다만 토스 샐러드에 사용되는 드레싱에는 주의해야 할 점이 있다. 먼저 식초, 레몬즙과 같은 산 성분이 들어간 드레싱과 채소를 혼합할 때 되도록 서빙 직전에 혼합하여 산성분으로 인해 녹색 채소의 색깔이 변하거나 잎채소들이 축 처지지 않도록 한다. 채소의 질감과 향을 살리려면 드레싱도 향과 농도가 짙지 않은 가벼운 것이 좋으므로 질감과 향이 가벼운 채소를 이용한 토스 샐러드에는 비네거와 오일 베이스의 드레싱이 어울리고 강한 향의 채소를 이용한 샐러드에는 마요네즈 베이스의 드레싱을 사용하면 적절하다.

### (2) 컴포즈드 샐러드(composed salad)

컴포즈드 샐러드는 만드는 사람의 창의력을 바탕으로 하여 다양한 재료를 가지고 토스 샐러드보다 형태나 모양을 정교하게 만든 샐러드이다. 보통 베이스(base), 바디(body), 가니시(garnish), 드레싱(dressing)의 네 가지 기본 요소로 이루어진다. 베이스는 샐러드의 전체적 형태를 잡아 주고, 다른 요소들을 살릴 수 있는 샐러드 그린 외에도 다양한 재료를 사용한다. 바디는 샐러드의 주요 재료를 말하며 채소나 조리된 단백질 식품류(예: 수조육류) 등이 이에 포함된다. 가니시는 샐러드의 색감, 식감, 향을 증진시키기 위하여 사용된다. 샐러드의 조화를 고려하여 잘게 다진 향기로운 허브나 시저 샐러드에 얹은 그릴드 치킨 등 차거나 따뜻한 재료를 다양하게 이용할 수 있다. 컴포즈드 샐러드의 드레싱은 샐러드를 편안히 먹게 도와 주는 역할이라기보다는 샐러드를 완성하는 중요한 역할을 하며 서빙 전에 미리 뿌리는 것이 아니라 드레싱 그릇에 따로 담아 샐러드와 함께 제공한다. 컴포즈드 샐러드의 완성도는 네 가지 기본 요소를 이루는 재료의 색감, 향, 식감 등으로 판단할 수 있다.

컴포즈드 샐러드는 그 자체가 메인요리로 많이 이용되는데 가장 대표적인 샐러드는 니스와스 샐러드이다. 보통 올리브, 앤초비 등 지중해 지역의 재료를 많이 이용하지만 튜나, 라이스, 포테이토, 그린빈스(green beans) 등 기호와 취향에 따라 다양한 재료를 활용하여 니스와스 샐러드를 만들 수 있다.

### (3) 바운드 샐러드(bound salad)

바운드 샐러드는 조리된 육류·어류·갑각류·콩류 등을 베이스로 이용한 샐러드이다. 마요네즈를 베이스로 한 드레싱과 같이 농도가 있는 드레싱을 이용하여 재료들을 혼합하여 만든다. 바운드 샐러드는 향을 증진시키기 위해 재료를 섞은 후 서빙 전까지 낮은 온도에 보관하는 것이 좋다. 샐러드의 한 종류이지만 컴포즈드 샐러드의 바디로도 이용될 수 있다. 대표적인 바운드 샐러드의 예로 시푸드 샐러드, 치킨 샐러드 등이 있다.

### (4) 페리네이셔스 샐러드(farinaceous salad)

페리네이셔스(farinaceous)는 라틴어의 'farina'에서 비롯된 용어로 전분이 포함된 곡식 가루 등을 의미하며 최근에는 전분이 많이 포함된 음식의 명칭으로 사용된다. 따라서 페리네이셔스 샐러드는 감자, 파스타, 곡물과 콩을 이용한 샐러드를 일컫는다. 페리네이셔스 샐러드는 가벼운 드레싱을 사용하고 재료 자체의 향을 중시하며 재료를 가볍게 섞는다는 점에서 앞서 설명한 바운드 샐러드와 차이가 있고 오히려 토스 샐러드에 가깝다. 이 샐러드 역시 컴포즈드 샐러드의 바디로 많이 사용된다. 비네거와 오일 베이스의 드레싱을 이용한 파스타 샐러드나 포테이토 샐러드 등을 대표적인 예로 들 수 있다.

샐러드는 이러한 분류 외에도 주재료에 따라 단순하게 채소 샐러드(vegetable salads), 포테이토 샐러드(potato salads), 파스타 샐러드(pasta salads), 콩 샐러드(legume salads), 과일 샐러드(fruit salads) 등으로 나눌 수 있다. 채소 샐러드는 재료 선택의 범위가 넓고 다양하여 향미나 질감뿐 아니라 다양한 색조의 변화를 즐길 수 있다는 장점이 있다. 파스타는 액체를 잘 흡수하여 오래 놔두면 파스타의 질감이 나빠질 수 있으므로 샐러드로 이용 시 그릇에 담는 시점이나 드레싱을 뿌리거나 섞는 시점에 주의해야 한다. 과일 샐러드는 신선한 과일, 얼린 과일, 통조림, 말린 과일 등을 이용하며 후식용으로 적합하다. 딸기·체리와 같이 작은 크기의 과일은 통째로, 사과·배·바나나 등은 샐러드 종류에 따라 적당한 크기로 썰어서 사용하며 오렌지와 같이 편이 나누어진 과일은 본래 나누어진 편대로 사용하는 것이 좋다. 특히 과일은 젤라틴을 이용하여 젤라틴 샐러드(gelatin salad)로 이용할 수도 있다. 젤라틴 샐러드는 젤라틴을 기본으로 하여 과일, 채소, 견과류, 마시멜로(marshmallow) 등을 넣고 섞어서 틀에 굳힌 샐러드로 디저트용으로 적합하다.

### 2) 샐러드드레싱

샐러드의 맛을 더해 주기 위해 곁들이는 샐러드드레싱은 비네그레트(vinaigrette), 마요네즈 베이스 드레싱(mayonnaise-based dressing)을 기본으로 하는 것이 많다. 비네그레트 드레싱은 샐러드오일, 식초 또는 레몬즙, 기타 조미료를 사용하여 만든 유화(emulsification) 드레싱으로 가만히 두면 오일과 물이 분리되므로 사용하기 전에 잘 섞이도록 흔들어야 한다. 비네그레트는 가벼운 드레싱을 필요로 하는 샐러드에 잘 어울리고 이를 기본으로 하여 다양한 허브 비네그레트(vinaigrette)와 이탈리안 드레싱(Italian dressing)을 만들 수 있다. 비네그레트에 이용하는 오일은 올리브오일이 많이 쓰이는데 드레싱을 만든 후 냉장고에 장시간 보관하면 올리브오일 특유의 향이 사라지기 때문에 필요할 때마다 드레싱을 만들어 먹는 것이 좋다.

마요네즈 베이스 드레싱은 오일, 식초나 레몬즙, 달걀노른자 조미료를 이용하여 만드는 유화 드레싱으로 레시틴이 함유된 달걀노른자가 수분과 기름의 분리를 방지하는 유화제 역할을 한다. 마요네즈 베이스 드레싱은 걸쭉하고 농도가 있는 드레싱이 필요한 샐러드에 쓰인다. 마요네즈 드레싱을 기본으로 하여 칠리 소스, 다진 피클, 래디시, 삶은 달걀 등을 혼합한 사우전드 아일랜드 드레싱(thousand island dressing)을 만들 수 있다. 최근에는 마요네즈를 가볍게 이용하기 위해 사워 크림(sour cream)을 혼합하기도 하며 다양한 채소나 과일을 주스나 다진 형태로 추가하여 색다른 마요네즈로 즐기기도 한다.

이 밖에도 드레싱은 각종 과일, 블루 치즈, 요거트, 겨자, 마늘, 생강, 허브 등 다양한 재료를 활용하여 얼마든지 새롭고 창조적인 레시피로 개발할 수 있다.

*Tossed Salad*

# 토스 샐러드

## 재료 및 분량 | **4~5인분** |

양상추 ½통(150g), 상추 5장, 토마토 1개,
셀러리 2줄기, 래디시 3개, 파슬리 20g

**사우전드 아일랜드 드레싱(thousand island dressing)**

마요네즈 70g, 토마토케첩 20g,
달걀(삶은 것, 완숙) ½개, 피망 10g, 양파 20g,
셀러리 10g, 오이 피클 10g, 레몬 ¼개,
소금·후추 약간

① 달걀은 완숙하여 흰자는 다지고, 노른자는 곱게 으깨어 놓는다.
② 피망은 씨를 빼고 다진다. 양파, 셀러리, 오이 피클은 곱게 다진다.
③ 준비된 달걀, 피망, 양파, 셀러리, 오이 피클에 마요네즈와 토마토 케첩을 넣어 버무리고 레몬즙, 소금·후추로 간한다.

## 만드는 법

1 양상추와 상추는 먹기 좋은 크기로 뜯어 차가운 물에 담가 놓는다.
2 토마토는 껍질을 벗겨 웨지 형태가 되도록 세로로 6~8등분한다.
3 셀러리는 줄기만 두께 0.5cm로 썰고, 래디시는 두께 0.2cm로 둥글게 썬다.
4 파슬리는 잎만 잘게 뜯어 놓는다.
5 준비된 채소를 가볍게 섞어 샐러드 그릇에 담고, 사우전드 아일랜드 드레싱을 곁들여 낸다.

**TIP**

- 서양요리에서 삶은 달걀은 완숙 또는 반숙 형태로 쓰인다. 보통 불의 세기, 물의 양, 달걀의 크기에 따라 차이가 나지만, 중간 불에서 익히되 물이 완전히 끓으면 불을 끄고 냄비 뚜껑을 닫아 삶으면 된다. 이때부터 3분 정도가 지나면 흰자는 익고 노른자는 약간 흘러내리는 정도가 되며, 5~7분 정도에서는 부드러운 반숙이 되고, 10~15분이 지나면 완숙이 된다.
- 달걀을 삶을 때는 식초와 소금을 조금 넣어 주면 달걀의 단백질 성분이 잘 응고되어 삶는 도중 달걀에 금이 가더라도 흰자가 껍데기 밖으로 흘러나오지 않는다.
- 냉장고에 보관해 둔 달걀은 조리 1시간 전에 미리 꺼내서 상온에 두면, 삶을 때 껍데기에 금이 가는 것을 방지할 수 있다.

*Chef's Salad*

# 셰프 샐러드

재료 및 분량 | **4~5인분** |

양상추 ½통(150g), 상추 10장, 햄 100g, 체다치즈(슬라이스한 것) 100g, 닭고기 150g, 달걀(삶은 것, 완숙) 2개, 토마토 2개, 셀러리 2줄기, 올리브 5개, 마요네즈 ½C, 프렌치 드레싱 4T

**프렌치 드레싱(½C, 125mL)**

화이트와인 비네거 2T, 엑스트라버진 올리브오일 ⅓컵, 프렌치 머스터드 1t, 소금·후추 약간

화이트와인 비네거, 올리브오일, 머스터드를 잘 섞은 후 소금과 후추로 간을 맞춘다.

## 만드는 법

1 양상추와 상추는 먹기 좋은 크기로 뜯어 차가운 물에 담가 놓는다.
2 햄과 치즈는 길이 5cm, 두께 0.5cm 정도로 썬다.
3 닭고기는 삶거나 구운 다음 햄과 비슷한 크기에 맞춰 결대로 찢어 놓는다.
4 달걀은 완숙하여 웨지(wedge) 형태가 되도록 4~6등분한다.
5 토마토는 껍질을 쉽게 벗기기 위해 뒷부분에 +자 칼집을 넣고 끓는 물에 데친 후, 찬물에 살짝 담갔다가 껍질을 벗긴다. 웨지 형태가 되도록 세로로 6~8등분한다.
6 셀러리는 잎을 떼어내고 줄기만 두께 1cm로 어슷어슷 썬다.
7 샐러드 그릇에 양상추와 상추를 섞어 담고 그 위에 햄, 치즈, 닭고기 썬 것을 돌려가며 담은 후 셀러리 썬 것을 골고루 얹는다. 달걀, 토마토, 올리브 등을 얹어 장식한다.
8 마요네즈와 프렌치 드레싱을 섞어 곁들여 낸다.

TIP

- 채소의 질감과 향을 살리려면 드레싱의 향과 농도가 짙지 않은 가벼운 것이 좋다. 질감이나 향이 가벼운 채소를 이용한 샐러드에는 비네거와 오일 드레싱이 어울리고 강한 향이 나는 채소가 많이 들어간 샐러드에는 마요네즈를 기본으로 한 드레싱을 사용하는 것이 적절하다.

*Niçoise Salad*

# 니스와즈 샐러드

재료 및 분량 |**4~5인분**|

양상추 1통, 달걀(삶은 것, 완숙) 3개, 토마토 6개, 바질 3잎, 마늘 2톨, 실파 2뿌리, 참치 통조림 1캔, 블랙 올리브 ⅓C, 앤초비 필레 12쪽, 껍질콩 100g, 감자(삶은 것) 4개, 셀러리 1줄기, 케이퍼 10g

**비네그레트 드레싱(vinaigrette dressing)**

올리브오일 ½C, 레몬주스 또는 식초 ⅓C, 소금·후추, 설탕 약간씩

올리브오일과 레몬주스(식초)는 섞은 후 소금·후추, 설탕을 넣어 간한다.

만드는 법

1 양상추는 먹기 좋은 크기로 뜯어 차가운 물에 담가 놓는다.
2 달걀은 완숙하여 웨지 형태가 되도록 4~6등분한다.
3 토마토는 뒷부분에 +자 칼집을 넣고 끓는 물에 데친 후, 찬물에 살짝 담갔다가 껍질을 벗긴다. 씨를 제거하고 과육만 약 0.5cm의 정사각형 모양으로 썬다.
4 바질과 마늘은 채 썰어 찬물에 각각 담가 놓는다. 실파는 송송 썬다.
5 통조림 참치는 기름기를 빼고, 살을 잘게 부수어 놓는다. 앤초비 필레은 2~3등분한다.
6 껍질콩은 데쳐서 길이 2~3cm로 썰고, 감자 삶은 것은 껍질을 벗긴 후 4등분하여 은행잎 모양으로 납작하게 썬다.
7 셀러리는 줄기만 사용하여 어슷 썰기로 얄팍하게 썬다.
8 샐러드의 모든 재료를 골고루 섞어 큰 볼에 담고, 그 위에 케이퍼를 뿌린다.
9 비네그레트 드레싱을 곁들여 낸다.

**TIP**

- 니스와드 샐러드는 프랑스 남부 해안 도시인 니스의 샐러드를 말한다. 해안 지방의 샐러드답게 앤초비와 참치가 들어가고 그 외 지중해 연안에서 많이 생산되는 채소와 과일 등을 기본으로 하지만 기호에 맞게 다양한 재료들을 추가하여 만들 수 있다.

*Caprese Salad*

# 카프레제 샐러드

재료 및 분량 |**4~5인분**|

생모차렐라 치즈 450g, 토마토 3개, 바질잎 ½C, 엑스트라버진 올리브오일 ¼C

**발사믹 글레이즈(balsamico glaze)**

식초 1C, 꿀 ¼C

① 발사믹 식초와 꿀을 섞은 후 센 불에서 저어 가며 가열한다.
② 끓으면 약한 불로 줄이고 전체 양이 ⅓C으로 줄어들 때까지 10분 정도 가열한 후 식혀 놓는다.

## 만드는 법

1 토마토는 깨끗이 씻은 후 두께 약 0.8cm로 슬라이스한다.
2 생모차렐라 치즈는 두께 0.5cm로 슬라이스한다.
3 싱싱한 바질은 흐르는 물에 씻어 물기를 털고 잎만 떼어 놓는다.
4 썰어 놓은 토마토와 생모차렐라 치즈를 바질잎과 함께 접시에 보기 좋게 담는다.
5 준비된 발사믹 글레이즈와 올리브오일을 뿌려 낸다.

**TIP**

- 카프레제 샐러드는 이탈리아 남부 캄파니아 지방에 있는 카프리섬의 이름을 따서 만든 이탈리아의 대표적인 샐러드이며 안티파스토(전채요리)로 이용한다.

# *Cauliflower Bean Salad*
# 콜리플라워빈 샐러드

### 재료 및 분량 | **4~5인분** |

콜리플라워 400g,
붉은 강낭콩(kidney beans) 100g,
껍질콩(green beans) 200g,
실파 또는 차이브(chive) 3줄기, 파슬리 20g,
설탕 1T, 소금 약간

**이탈리안 드레싱(Italian Dressing)**

올리브오일 1C, 레몬즙 또는 식초 4T, 소금 1t,
설탕 1t, 양파(다진 것) 1t, 마늘(다진 것) 1t,
오레가노(oregano) ½t,
머스터드 파우더(mustard powder) ½t,
청·홍 파프리카(다진 것) ½t씩, 타임(thyme) 약간

준비된 재료를 모두 섞어 뚜껑이 있는 병에 담아 흔들거나 거품기로 잘 저은 후 2시간 정도 냉장고에 넣어 두었다가 사용한다.

### 만드는 법

1 콜리플라워는 한입 크기로 잘라 소금물에 데친다.
2 강낭콩은 소금물에 삶아 건져 놓고, 껍질콩은 양 끝을 잘라 소금물에 삶은 후 4cm 길이로 썰어 놓는다.
3 실파는 잘게 다지고 파슬리도 잘게 뜯어 놓는다.
4 볼에 준비된 재료를 담고 소금과 설탕을 뿌려 가볍게 섞은 후, 냉장고에 넣어 두었던 이탈리안 드레싱으로 버무려 큼직한 샐러드 그릇에 담아 낸다.

*Cobb Salad*

# 콥 샐러드

재료 및 분량 | **4~5인분** |

양상추(작은 것) ½통, 캔 옥수수 100g,
체다 치즈(슬라이스한 것) 50g,
베이컨(혹은 슬라이스 햄) 120g,
달걀(삶은 것, 완숙) 2개, 방울토마토 10개,
블랙 올리브 10개

렌치 드레싱(ranch dressing)

플레인요거트(또는 사워크림) 1C,
마요네즈 ¼C, 양파(다진 것) ¼개, 사과식초 2T,
레몬즙 1T, 꿀 1t, 소금·후추 약간

분량의 재료를 모두 넣고 잘 섞는다.

만드는 법

1 양상추는 흐르는 물에 씻어 물기를 털고 잘게 썬다.
2 방울토마토와 블랙 올리브는 2~4등분하여 썰고, 달걀은 완숙하여 원형으로 슬라이스한다.
3 베이컨은 노릇하게 구워 잘게 썬다.
4 긴 타원형 접시에 준비한 재료를 보기 좋게 담고, 렌치 드레싱을 곁들여 낸다.

*Calamari Salad*

# 칼라마리 샐러드

재료 및 분량 |**4~5인분**|

샐러드 믹스 채소 150g,
오징어(한치, 중간 크기) 2마리, 허브 올리브오일 1C,
소금·후추 약간, 화이트와인 1T, 레몬(장식용) ½개

**오리엔탈 드레싱(oriental dressing)**

간장 4T, 포도씨오일 4T, 설탕 2T, 참기름 1T, 레드와인 1T, 레몬즙 3T, 다진 마늘 1t, 깨소금 2T, 후추 약간

분량의 재료를 모두 넣고 잘 섞는다.

**허브 올리브오일(herb oliveoil)**

다진 파슬리 ¼C, 다진 바질 ¼C, 다진 타임 ¼C, 올리브오일 4C

분량의 재료를 모두 넣고 잘 섞는다.

만드는 법

1 샐러드 채소는 먹기 좋은 크기로 뜯어 차가운 물에 담가 놓는다.
2 오징어는 내장을 제거하고 몸통과 다리를 분리한 뒤 깨끗이 씻고, 허브 올리브오일에 재어 냉장고에 하루 정도 보관한다.
3 팬을 불에 올려 뜨거워지면 **2**의 오징어를 통으로 넣고 소금·후추로 간을 한 후, 중약불에 익히거나 오븐의 그릴 기능으로 4분 정도 굽는다. 익힐 때 화이트와인(1T)을 넣어 오징어의 잡내를 없앤다.
4 **3**의 오징어를 두께 2cm 정도로 모양을 살려 슬라이스한다.
5 샐러드 채소는 물기를 빼고, 레몬은 웨지 형태로 자른다.
6 샐러드는 볼에 담고, 그 위에 잘라 놓은 오징어를 올린 후 레몬으로 장식한다. 오리엔탈 드레싱을 곁들여 낸다.

**TIP**

- 허브 올리브오일은 다양한 서양요리에서 잡내를 제거하거나 향을 살리는 마리네이드용으로 사용할 수 있어 미리 만들어 놓으면 편리하게 이용할 수 있다.

*Cajun Chicken Salad*

# 케이준 치킨 샐러드

### 재료 및 분량 |4~5인분|

샐러드 믹스 채소(양상추, 치커리, 로메인 등) 150g, 적양파 ¼개, 방울토마토 5개

**케이준 치킨** 닭 안심 200g, 소금·후추 약간, 밀가루 ⅓C + 케이준 시즈닝 1T, 달걀 2개, 빵가루 1½C

**허니 머스터드 드레싱(honey mustard dressing)**

마요네즈 ½C, 머스터드 3T, 꿀 2T, 식초 1T, 소금·후추 약간

분량의 재료를 모두 넣고 잘 섞는다.

**케이준 시즈닝(cajun seasoning)**

양파가루 2t, 마늘가루 2t, 오레가노 1t, 바질 1t, 카옌 페퍼 1t, 파프리카가루 1T, 흰 후추 1t, 소금 1T

분량의 재료를 모두 넣고 잘 섞는다.

### 만드는 법

1 샐러드 잎채소는 먹기 좋은 크기로 뜯어 차가운 물에 담가 놓는다.
2 적양파는 얇게 슬라이스하여 차가운 물에 담가 놓고, 방울토마토는 반으로 썰어 놓는다.
3 닭 안심은 흰 심지를 제거한 뒤, 소금·후추로 간해 놓는다.
4 밀가루에 케이준 시즈닝을 섞어 놓는다
5 **3**의 밑간을 한 닭 안심에 **4**의 밀가루 → 달걀물 → 빵가루 순으로 옷를 입혀 180℃ 식용유에 노릇하게 튀겨 낸다.
6 샐러드 볼에 잎채소와 양파, 방울토마토를 보기 좋게 놓고 튀긴 닭 안심을 한입 크기로 썰어 채소 위에 얹은 후, 허니 머스터드 드레싱을 샐러드 위에 뿌리거나 곁들여 낸다.

**TIP**

- 케이준요리는 17세기 캐나다 아카디아에 살던 프랑스인들이 1855년에 이곳을 점령한 영국인들에 의해 미국 남부의 루이지애나로 강제로 이주하면서 발전시킨 요리로 프랑스요리와 스페인, 그 지역의 인디언 원주민의 요리법이 합쳐져 만들어졌다. 케이준 요리에 많이 쓰이는 케이준 스파이스의 주요 재료로는 마늘, 양파, 고추, 후추, 겨자 등이 있으며 이들은 모두 매콤한 맛을 낸다. 대표적인 케이준요리는 잠발라야(jambalaya), 검보(gumbo) 등이다.

*Beef Steak Salad*

# 비프 스테이크 샐러드

재료 및 분량 |4~5인분|

쇠고기 안심 240g, 샐러드 믹스 채소 150g,
호두 ½C, 생표고버섯 4개, 소금·후추 약간, 식용유

**발사믹 식초 드레싱(balsamic vinegar dressing)**

발사믹 식초 ⅓C, 올리브오일 2T,
바질 가루 ½t, 홀그레인 머스터드 1t

분량의 재료를 모두 넣고 잘 섞는다.

만드는 법

1 안심은 두께 2cm로 썰어 소금·후추로 밑간을 한다.
2 샐러드 채소는 먹기 좋은 크기로 뜯어 차가운 물에 담가 놓는다.
3 버섯은 모양대로 슬라이스하여 소금·후추로 밑간을 한다. 팬에 기름을 살짝 두르고 버섯 겉면이 노릇해질 때까지 익힌다.
4 호두는 마른 팬에 살짝 볶아 호두 한 알의 ¼ 크기로 부수어 놓는다.
5 달군 팬에 식용유를 두르고 밑간을 한 **1**의 안심을 굽는다. 고기가 타지 않도록 중간 불에서 양면을 한 번씩만 뒤집어 8분 정도 구운 다음 접시에 담아 5분간 식힌다. 구운 안심을 두께 1cm로 저미듯 썬다.
6 샐러드 채소에 발사믹 드레싱 ½ 분량을 넣고 버무려 큰 샐러드 볼에 담는다. 그 위에 버섯과 호두를 얹은 다음, 저며 놓은 안심을 올리고 남은 드레싱을 곁들여 낸다.

## 2 수프

수프는 수프 스톡(soup stock)을 기본으로 하여 만든 일종의 국물요리로 농도에 따라 맑은 수프(clear soup)와 걸쭉한 수프(thick soup)로 나뉘고, 온도에 따라 따뜻한 수프(hot soup)와 차가운 수프(cold soup)로 나뉜다.

수프의 기본이 되는 스톡은 여러 가지 수프와 소스·스튜의 기초가 되는 국물이다. 이는 수조육류, 어패류, 채소류와 향신료를 섞어 장시간 끓여 만든 것으로 크게 화이트 스톡(white stock)과 브라운 스톡(brown stock)으로 나뉜다. 화이트 스톡은 주로 송아지고기, 쇠고기, 닭고기, 생선 등으로 만들고 브라운 스톡은 송아지고기나 쇠고기 위주로 만든다. 스톡을 기본 주재료로 크게 나누면 쇠고기 스톡(beef stock), 닭고기 스톡(chicken stock), 피시 스톡(fish stock), 채소 스톡(vegetable stock) 등이 있다. 스톡은 우리나라의 육수에 해당하고 불어로는 퐁(fond)이라고 하며 '기초(foundation)'라는 뜻을 가지고 있다.

스톡과 거의 비슷한 의미를 가진 브로스(broth)는 불어로는 부이용(bouillon)이라고 하며 육류나 가금류, 채소 등을 끓는점(Boiling point) 이하의 온도에서 조리할 때 부산물로 얻어지는 국물로 스톡보다는 농도가 진하다. 브로스는 그 자체로 서빙하는 것을 목적으로 만드는 반면, 스톡은 다른 음식을 만들기 위한 기초 재료로 사용하며 고기보다는 뼈를 주재료로 하여 끓인다. 요즘은 브로스를 건조·농축시킨 큐브(cube)나 가루의 형태로 판매하기도 한다. 스톡이나 브로스를 이용하여 만드는 수프 중에는 하티 브로스(hearty broth)가 있는데 이것은 브로스나 콩소메처럼 맑지는 않으나 재료의 질감과 향을 같이 느낄 수 있는 것으로, 대표적인 예로는 어니언 수프(onion soup)가 있다.

수프 중 콩소메(consomme)는 화이트 스톡이나 브로스의 기름기를 걷어 내어 맑게 만든 향미가 은은한 대표적인 맑은 수프이다. 걸쭉한 수프에는 채소나 콩류에 수프 스톡을 넣고 블렌더에 갈아 만든 퓌레(purée), 루(roux)에 크림과 우유를 첨가하여 만든 크림 수프(cream soup)가 있다. 비스크(bisques)는 농도가 진한 크림 수프의 일종으로 보통 갑각류와 생선을 재료로 사용한다. 차우더(chowder)는 생선, 고기, 채소 등을 잘게 썰어서 이용하며 감자를 갈아 넣어 걸쭉하게 만든 수프이다.

육류의 젤라틴 성분이 많이 함유되어 있는 부위와 관절의 뼈를 고아 맑게 거른 수프를 젤리드 수프(jellied soup)라고 하는데 이 수프는 차게 대접하는 것이 특징이다. 젤리드 수프 이외의 찬 수프로는 과일 수프, 비시스와즈, 가스파초 등이 있으며 여름철에 많이 이용된다.

정찬에서의 수프는 식욕을 돋우기 위한 애피타이저의 다음 코스로 이용되는데, 입안을 촉촉하게 만들어 주어 이후에 제공될 음식을 부드럽게 넘기기 위한 목적이 있으므로 맑은 것이 적당하다. 맑은 수프는 애피타이저의 역할을 겸하기 때문에 애피타이저가 생략되고 맑은 수프가 식사의 첫 코스로 나오기도 한다. 간단한 식사 대용으로 수프를 이용할 때는 건더기가 많은 걸쭉한 수프가 적당하며 코스에서 제공되는 수프보다 많은 양을 제공한다.

맛있는 수프를 끓이려면 다음과 같은 점에 주의해야 한다.

- **수프 끓이기** 수프는 낮은 온도(85~94℃)에서 4~6시간 정도 뭉근하게 끓여 국물이 졸아들면 다시 물을 붓고 채소를 넣어 무르게 될 때까지 끓이는 것이 좋다. 슬로우 쿠커(slow cooker)를 이용하기도 하는데 낮은 온도에서 뚜껑을 덮은 채로 조리되기 때문에 요리하는 동안 국물이 생겨 물을 따로 첨가하지 않아도 조리 시작 때보다 국물 양이 늘어난다. 따라서 슬로우 쿠커를 이용해 수프를 만드는 경우에는 재료가 눌어붙지 않을 정도로 물을 약간만 넣고 조리해야 한다.
- **수프 맛 내기** 육류나 생선을 주재료로 한 수프는 특유의 냄새를 없애기 위해 쓴맛이 적은 셰리주(sherry)나 마데이라(madeira), 레드와인을 이용하며 생선, 게살, 새우를 주재료로 하는 비스크나 차우더는 화이트와인을 이용하여 맛과 풍미를 증진시킨다. 그러나 크림이나 달걀이 들어가는 수프에는 술을 첨가하지 않는다. 수프의 향미를 좋게 하기 위해서는 술 이외에도 여러 가지 향신료(spices)와 허브(herbs)를 이용할 수 있는데 자극이 심한 재료(예: 통후추, 올스파이스, 시나몬, 셀러리씨, 메이스)들은 용도를 확인하고 적절한 양

을 사용해야 한다. 그 밖에 양파나 대파의 흰 부분도 수프의 맛을 내는 재료로 많이 이용된다. 수프는 조리 중에 간을 맞추면 완성 시 짠맛이 강해질 수 있으므로 먹기 직전에 간을 맞추는 것이 좋다.

- **수프의 색깔** 짙은 색깔의 수프를 만들기 위해서는 얇게 저민 양파를 갈색이 나도록 볶아 첨가하거나 갈색으로 캐러멜화된 설탕 시럽을 넣는다. 붉은색이 나게 하려면 토마토를 이용한다.
- **수프의 기름기 제거** 콩소메와 같은 맑은 수프에 사용될 스톡은 기름기를 완전히 제거해 주어야 한다. 기름기를 제거하려면 끓인 수프를 냉장고에서 차게 식힌 후 지방이 굳어 표면에 막이 생성되면 이를 살짝 걷어 내면 된다. 차게 식힐 만큼 충분한 시간이 없을 때는 깨끗한 기름종이나 종이타월을 수프 위에 얹어 기름을 흡수하도록 하거나 베스터(baster)로 기름기를 걷어낸다.

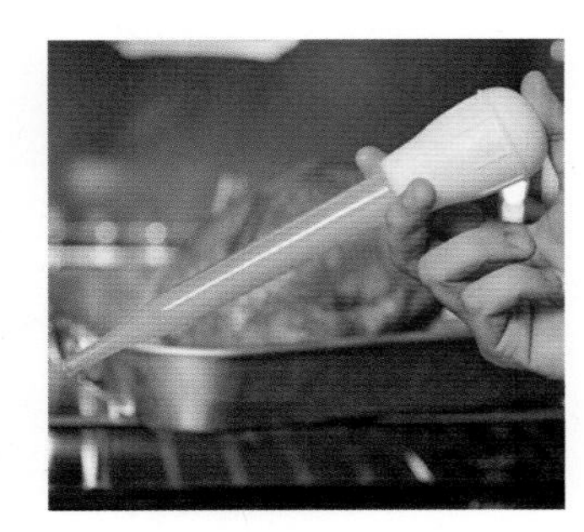

베스터

- **수프의 농도 조절** 수프를 걸쭉하게 만들려면 수프 1C에 완숙 달걀노른자 두 개를 으깨어 넣거나, 익히지 않은 달걀노른자 한 개를 넣고 섞는데 수프가 뜨거울 때 넣으면 노른자가 응고되므로 주의해야 하고 서빙하기 직전에 넣어 농도를 조절한다. 다른 방법으로는 수프 1C에 감자 갈은 것 3Tbsp 정도를 서빙하기 15분 전쯤에 넣고 한 번 더 끓여 낸다. 이외에도 녹말 성분이 많은 완두콩, 강낭콩을 이용하거나 루(roux)를 필요한 만큼 수프에 섞어 농도를 내기도 한다.
- **수프의 액세서리(accessories)** 수프를 제공할 때 그에 어울리는 액세서리를 이용하면 수프의 모양과 맛을 더욱 살릴 수 있다.

**수프에 자주 쓰이는 액세서리**

| 구분 | 내용 |
|---|---|
| 베이컨과 양파 | 베이컨은 바삭하게 구워 잘게 부수어 사용하고, 다진 양파는 갈색이 나도록 볶아 토마토 수프, 셀러리 수프 등에 이용한다. |
| 치즈 | 보통 체다 치즈(cheddar cheese)를 갈아서 수프 위에 뿌리며, 그뤼에르 치즈(gruyére cheese)나 모차렐라 치즈(mozzarella cheese)를 프렌치 어니언 수프(French onion soup)에 주로 이용한다. |
| 크루통(croutons) | 식빵이나 바게트를 작은 주사위 모양으로 썰어 기름에 튀기거나 구워 낸 것으로 여러 종류의 수프에 이용된다. |
| 기타 | 수프에 따라 파슬리, 피망, 레몬 슬라이스, 마카로니링, 올리브링, 팝콘, 살라미 슬라이스(salami slices), 구운 아몬드, 휘핑크림, 거품 낸 달걀 흰자, 토마토, 아보카도(whipped avocado) 등이 액세서리로 이용될 수 있다. |

*Sweet Green Pumpkin Soup*

# 단호박 수프

재료 및 분량 | **4~5인분** |

단호박(과육) 400g, 버터 1T, 소금 ⅔t, 물 1½C+3T, 우유 300mL, 생크림 100mL, 다진 양파 30g, 파슬리(다진 것) 또는 크루통 약간

**단호박 그릇**

**단호박(그릇용) 1통, 식용유 1T**

단호박의 윗부분을 잘라 수저로 속을 긁어 내고 손에 기름을 조금 묻혀 껍질 전체에 바른다. 170℃ 오븐에 10분 정도 구워 수프 담는 그릇으로 이용한다.

만드는 법

1. 단호박은 껍질을 벗기고 얄팍하게 썬다.
2. 팬에 버터를 녹인 후 **1**의 단호박과 소금을 넣어 살짝 볶은 다음, 20분간 뚜껑을 덮고 중불에서 찌듯이 익힌다. 중간중간 물 1½C을 약간씩 나누어 넣어서 타지 않도록 한다.
3. **2**의 단호박은 우유 150mL와 함께 블렌더에 간 후, 3T 정도의 물을 담은 냄비에 붓고 5분간 저어 가며 끓인다.
4. **3**에 나머지 우유와 생크림을 넣고, 다시 3분간 저어 가며 끓인다.
5. 완성된 수프는 준비된 단호박 그릇에 담고, 곱게 다진 파슬리나 크루통 5~6개를 얹어 낸다.

*Broccoli Soup*

# 브로콜리 수프

### 재료 및 분량 | **4~5인분** |

브로콜리 200g, 감자 200g, 양파 ⅓개, 밀가루 1T,
버터 1T, 육수 2C+1C, 우유 ⅔C, 생크림 ⅓C,
소금·후추 약간, 바질 2잎,
파마산 치즈(optional) 50g, 크루통(optional) 약간

**크루통(croutons)**

식빵 2조각(사방 1cm, 큐브 모양),
올리브오일 1T, 마늘 다진 것 ½t,
파마산 치즈가루 ½T, 파슬리가루 ½t

재료를 모두 섞고 200℃ 오븐에 10분간 구워 낸다.

### 만드는 법

1 브로콜리는 기둥을 제거하고 적당한 크기로 자른다. 끓는 물에 소금을 넣고 푹 무를 때까지 익힌다.
2 감자와 양파는 얇게 슬라이스하여 버터를 두른 팬에 볶다가 밀가루를 넣고 조금 더 볶은 뒤 육수 2컵을 넣고 약불에 15분 정도(감자가 푹 익을 때까지) 끓인다.
3 **1**의 삶은 브로콜리에 육수 1컵을 넣고 믹서에 간다. **2**의 재료도 한 김 식혀 따로 믹서에 간다.
4 **3**의 브로콜리 퓌레와 감자·양파 퓌레를 냄비에 붓는다. 우유를 넣고 끓이다가 소금·후추로 간을 한 후 생크림을 넣고 불을 끈다.
5 **4**의 완성된 수프는 볼에 담고 채 썬 바질잎을 얹어 낸다.
6 파마산 치즈를 갈아 얹거나 크루통을 얹어 낸다.

*Vichyssoise*

# 비시스와즈

### 재료 및 분량 | 4~5인분 |

감자 4개, 대파 흰 부분(또는 leek) 3뿌리, 양파 1개, 버터 2T, 육수 4C, 우유 1C, 생크림 1C, 메이스(mace) ¼t, 실파 또는 차이브 약간, 소금·후추 약간

### 만드는 법

1 감자는 얇게 썰고 대파와 양파는 채 썬다.
2 냄비에 버터를 넣어 녹인 후, **1**의 재료가 타지 않도록 저어 가며 볶는다.
3 **2**에 육수를 붓고 30분 이상 끓인 다음, 식혀서 블렌더에 간다.
4 **3**의 퓌레는 냄비에 넣고 우유와 섞어 다시 끓여 놓는다. 먹기 전에 생크림, 메이스, 소금·후추를 넣고 잠시 끓인다.
5 그릇에 완성된 수프를 담고 실파를 송송 썰어 뿌려 낸다.

**TIP**

- 비시스와즈는 하얗고 고소한 수프로 여름에 주로 먹는 찬 감자 수프이다. 이외에도 여름에 먹는 찬 수프에는 단호박 수프, 토마토 수프, 과일 수프, 가스파초 등이 있다.
- 서양에서 수프에 곁들이는 허브는 주로 차이브(chive)나 워터크레스(watercress)를 이용한다. 차이브는 파의 일종으로 독하지 않은 양파 향을 지니고 있다. 비타민 C와 철분이 많아 혈압을 내린다고 알려져 있다. 특히, 비시스와스 수프에는 차이브가 들어가야만 진정한 수프의 맛을 느낄 수 있다고 한다. 차가운 수프에 톡 쏘면서 향긋한 차이브를 올리면 고소한 맛을 한층 업그레이드시켜 준다.

*Gazpacho*

# 가스파초

### 재료 및 분량 |4~5인분|

토마토 2개, 빨간 파프리카 ½개, 오이 ½개,
양파 ¼개, 셀러리 ⅓대(길이 10cm 정도),
바게트(두께 1cm로 썬 것) 2쪽, 생수 1컵, 레몬즙 1T,
발사믹 식초 ½t, 소금 1t, 후춧가루 약간,
엑스트라버진 올리브오일 1T

### 만드는 법

**1** 토마토, 파프리카, 오이, 양파, 셀러리를 한입 크기로 썬다.
**2** **1**의 채소 중 ⅛ 분량은 토핑용으로 잘게 다진다.
**3** 바게트를 물이나 와인에 적셔 놓는다.
**4** 믹서에 한입 크기로 썬 **1**의 채소와 레몬즙, 발사믹 식초, 소금· 후추를 넣고 곱게 간다.
**5** **4**에 곱게 간 채소 수프를 체에 거른 후, 그릇에 담고 토핑으로 **2**의 다진 채소를 올린다.
**6** **5**의 수프 위에 엑스트라버진 올리브오일을 살짝 뿌려 낸다.

**TIP**

- 가스파초는 기호에 따라 체에 거르지 않고 먹기도 한다. 냉장고에 차게 두었다가 먹으면 좋다.
- 엑스트라버진 올리브오일은 가스파초에 영양과 풍미를 더해 주고 부드러운 맛을 내도록 도와 준다.

*French Onion Soup*

# 프렌치 어니언 수프

재료 및 분량 | **4~5인분** |

양파 3~4개(600g), 버터 30g, 수프 스톡 6C, 부케가르니(월계수잎, 파슬리줄기, 통후추, 타임, 정향), 소금·후추 약간, 바게트(두께 1cm로 자른 것) 4쪽, 그뤼에르 치즈 또는 모차렐라 치즈(shredded) 150g, 파마산 치즈가루 4T, 파슬리가루 약간

**수프 스톡(soup stock)**

소뼈(3cm 두께로 자른 것) 600g, 양파 1개, 당근 ½개, 버터 50g, 식용유 3T, 물 2L

① 소뼈는 찬물에 담가 핏물을 뺀 후 끓는 물에 데쳐 낸다. 팬에 버터를 두르고 소뼈에 갈색이 날 때까지 굽는다.
② 양파와 당근은 채 썬 후, 팬에 식용유를 두르고 갈색이 날 때까지 충분히 볶는다.
③ 냄비에 구운 소뼈와 볶은 채소를 넣고 물을 부어 1시간 정도 뭉근하게 푹 끓인다. 중간중간 기름기나 거품을 걷어 낸다.

만드는 법

1 양파는 반으로 갈라 얇게 채 썬다.
2 잘 붙지 않는 냄비에 버터를 녹인 후, **1**의 양파를 넣고 중불에서 갈색이 날 때까지 약 30분 정도 저어 가며 볶다가 소금·후추를 넣고 간한다.
3 만들어 놓은 수프 스톡을 뜨겁게 하여 **2**에 붓고, 부케가르니를 넣어 20분 정도 끓인 후 소금·후추로 간한다.
4 바게트는 갈색이 나도록 양면을 토스트한다.
5 오븐용 수프 그릇에 **3**의 어니언 수프를 8부 정도 담고, **4**의 바게트를 얹은 후 위에 파마산 치즈가루와 모차렐라 치즈를 듬뿍 뿌린다. 200℃ 오븐에 넣어 치즈가 녹아 갈색이 날 때까지 굽는다.
6 오븐에서 꺼낸 후, 파슬리가루를 뿌려 뜨거울 때 낸다.

*Clam Chowder*

# 클램 차우더

## 재료 및 분량 | 4~5인분 |

모시조개 400g, 베이컨 80g, 양파 1개,
밀가루 3T, 감자 3개, 버터 3T, 우유 3C,
소금·후추 약간, 월계수잎 2장, 조개 삶은 물 1C

## 만드는 법

1 모시조개는 해감을 위해 소금물에 담갔다가 씻은 후 물 1C을 붓고 삶는다. 조개의 입이 벌어지면 건져서 조갯살을 발라 놓고 국물은 가만히 두고 모래를 가라앉힌다. 조개 삶은 물은 모래가 섞이지 않도록 윗물만 따라 둔다.
2 베이컨은 잘게 썰고 양파는 곱게 다진다.
3 감자는 껍질을 벗겨 도톰하게 은행잎 모양으로 썬다.
4 프라이팬에 버터를 두르고 베이컨과 양파를 넣고 살짝 볶다가 밀가루를 넣어 볶은 다음, 우유를 조금씩 넣어가며 화이트 소스를 만든다.
5 **4**에서 썰어 놓은 감자와 월계수잎을 넣고 **1**의 조개 삶은 물을 부어 뭉근한 불에서 끓인다.
6 감자가 익으면 조갯살과 우유를 넣고 소금·후추로 간을 하여 한소끔 더 끓여 낸다.

**TIP**

• 해감이란, 바닷물 등에서 흙과 유기물이 썩으면서 생기는 냄새 나는 찌꺼기이다. 조개가 해감을 토하게 하는 원리는 조개가 살고 있던 곳과 비슷한 환경을 만들어 조개를 이완시키는 것이다. 바지락과 같은 담수 조개는 맹물에서 해감하고, 모시조개와 같은 바다조개는 소금물에서 해감한다. 소금과 물의 비율은 해수와 비슷한 수준(물 5C : 소금 2T)이 적당하고, 해감을 토하게 할 물의 양은 조개가 살짝 잠길 정도로 한다. 조개를 넣는 그릇은 약간 어둡고 조용한 곳에 두어야 해감을 더 잘할 수 있다.

# 3 메인 디시

서양요리에서 메인 디시(main dish)는 식사의 중심이 되는 가장 중요한 코스이다. 프랑스의 정찬 코스에서는 전채요리 후 생선요리가 나오고 고기요리의 준비 단계인 앙트레(entreé)가 나온 다음 메인 디시인 육류요리가 나온다. 그러나 미국이나 동양에서 진행되는 일반적 정찬 코스는 수프 다음에 앙트레가 제공되는데 이는 보통 생선요리이다. 생선요리는 육류요리보다 질감이 연하여 위에 부담이 덜하고 소화를 용이하게 하므로 본격적인 주요리가 나오기 전에 서빙되는 경우가 많다. 그러나 최근에는 정찬에서도 앙트레를 생략하는 일이 많으며 생선요리 자체가 메인 디시로 제공되고 있다.

## 1) 어패류요리

### (1) 어패류의 구분과 준비

서양요리에 이용되는 어패류는 크게 해수어(sea fish)와 담수어(fresh water fish), 패류(shell fish)로 구분된다.

생선은 가공 상태나 방법에 따라 날생선(fresh fish), 냉동 생선(frozen fish), 통조림 생선(canned fish), 소금에 절인 생선(salted fish), 훈제 생선(smoked fish) 등을 요리에 이용한다. 손질하는 방법도 조리 목적에 따라 여러 가지 형태인데, 생선 머리부터 꼬리까지 모두 이용하는 통생선(whole fish), 내장을 빼 낸 생선(drawn whole fish), 생선 길이를 토막 내듯 통 썰기로 절단한 생선(fish steaks), 머리·꼬리·지느러미를 자르고 내장을 빼 낸 생선(dressed fish), 등뼈를 중심으로 살만 넓적하게 양면으로 저민 생선(fillets), 생선의 배 쪽을

서양요리에 이용되는 어패류의 종류

| | | |
|---|---|---|
| 어류 | 해수어 | 연어(salmon), 송어(trout), 대구(cod), 가자미(sole), 참치(tuna), 청어(herring), 넙치(halibut), 농어(sea bass), 도미(snapper), 고등어(mackerel) 등 |
| | 담수어 | 잉어(carp), 메기(catfish), 송어(whitefish) 등 |
| 패류 | 갑각류 | 바닷가재(lobster), 게(crab), 새우(shrimp), 참새우(prawn), 가재(craw fish) 등 |
| | 조개류 | 굴(oyster), 가리비(scallop), 대합(clam), 전복(abalone), 소라(topshell), 홍합(mussels) 등 |
| | 연체류 | 오징어(calamari), 갑오징어(cuttle fish), 문어(octopus) 등 |

갈라 등 쪽을 연결시켜 펴 놓은 생선(butterfly fillet), 막대 모양으로 자른 생선(fish stick) 등이 있다.

#### (2) 어패류의 선도와 보관

생선요리의 맛을 결정하는 중요한 요소는 생선의 신선도이다. 신선한 생선을 고를 때는 다음과 같은 사항을 고려해야 한다.

- 머리에서 꼬리까지 골고루 살이 쪄 있어야 하며 몸 전체는 탄력 있고 형체가 반듯해야 한다.
- 비늘이 밀착되어 깨끗하게 붙어 있는 것이 신선한 것이며, 윤이 나면서 힘 있게 많이 붙어 있을수록 좋다.
- 눈이 맑고 투명하고 약간 앞으로 튀어나온 것이 좋으며, 눈동자의 검은색과 흰자위의 구분이 명확한 것이 신선하다.
- 아가미는 가장 부패하기 쉬운 부분으로 잘 살펴보아야 하는데 선홍색이고 잘 떨어지지 않는 것이 신선한 것이며 아가미가 갈색을 띠면 오래된 것으로 본다.
- 배를 눌러 보아 단단하고 탄력이 있는 것을 고른다. 반면, 배를 눌렀을 때 항문에서 이물질이 나오면 상한 것이다.
- 비린내가 많이 나거나, 꼬리나 머리 부분이 늘어져 있는 것, 또는 몸체에 끈적끈적한 이물질이 나와 있으면 선도가 떨어진 것으로 본다.
- 냉동 생선을 구입할 때에는 제조 일자를 확인하여 포장된 상태로 냉동실에 보관된 것을 고르며 포장에 성에가 많이 끼어 있지 않고 포장이 처지지 않은 것이 좋다. 냉동실이 따로

없는 일반 생선가게에서 구입할 때는 완전 해동된 것보다 덜 녹은 상태의 것을 구입하도록 한다.

- 갑각류, 특히 게를 고를 때는 손으로 들었을 때 무겁고 발이 모두 붙어 있으며 살아있는 게를 고르는 것이 좋다.
- 생새우는 껍질이 약간 단단하고 투명해 보이며 윤기가 있고 머리가 달려 있는 것이 싱싱한 것이다. 머리 부분이 검게 변했거나 몸통이 흰색으로 불투명한 것은 피하는 것이 좋다. 냉동 새우는 표면이 건조하지 않고 색이 붉은 갈색으로 변하지 않은 것을 구입한다. 껍질을 깐 새우는 부패했을 위험이 있으므로 얼어 있는 것을 골라야 한다.
- 조개류는 살아 있는 것을 고르는 것이 가장 좋다. 만약 조갯살이나 굴 등 살만 발라 놓은 것을 고를 때는 색이 맑고 광택이 있으며 탄력이 있는 것을 고르고, 색이 거무스름하고 끈적끈적한 진이 나오는 것은 피한다. 조개류는 껍데기가 있어 육안으로 신선도를 판별하기 어렵기 때문에 신용할 수 있는 상점에서 새로 들어온 것을 구입하고 오염 지역과 가까운 바다에서 나는 조개류는 되도록 피하는 것이 좋다.

어패류 조리를 위해서는 신선한 재료를 고르는 것뿐만 아니라 신선하게 보관하는 것도 매우 중요하다. 어패류는 일반적으로 사후 1~3시간 내에 근육 경직이 일어난다. 어패류는 사후 경직 후 자기 소화를 거쳐 부패가 진행되므로 어육의 신선도를 유지하려면 사후 경직이 일어나기 전에 냉장 또는 냉동시키는 것이 좋다. 사후 경직 후에 냉장·냉동시키면 부패가 빨리 진행되며 어육의 질감도 좋지 못하다. 특히 생선의 내장은 쉽게 부패되므로 보관하기 전에 손질한 후, 물에 깨끗이 씻어 물기를 빼고 랩으로 싸서 냉장·냉동시킨다. 조개류는 껍데기째 종이봉투에 넣어 냉동 보관하면 신선도가 오래 유지된다.



### (3) 어패류의 조리

생선과 조개류를 이용한 요리에는 여러 가지 조리법을 사용할 수 있는데, 주로 사용되는 조리법은 다음과 같다.

- **생선 오븐구이**(oven-baked fish) 생선에 버터나 기름을 바르고 베이킹 팬에 담아 약

175℃ 정도의 오븐에 구워 낸다.

- **생선구이**(broiled fish) 소금과 후춧가루로 밑간한 생선에 기름을 골고루 바르고 석쇠에 약 10분 정도 굽는다. 이때 이용되는 생선은 통생선, 토막 친 생선, 뼈를 발라낸 생선 등이다.
- **생선튀김**(fried fish) 토막 친 흰살 생선, 작은 통생선에 밀가루를 묻히고 달걀옷·빵가루를 묻힌 다음 약 180℃ 정도의 기름에서 튀겨 낸다.
- **뮈니에르**(meuniere) 생선 버터구이로 손질한 생선(fillets)에 소금·후춧가루로 밑간하고 밀가루를 묻혀 프라이팬에 기름을 둘러 지져 낸다.
- **생선 빠삐요트**(papillote) 종이호일에 싸서 구워 낸 음식을 말하는 것이다. 생선 빠삐요트는 밑간한 생선을 기름종이(wax paper)에 싸서 오븐에 익히는데 생선이 구워지면서 생성된 수증기에 의해 생선을 싼 기름종이가 부풀어 돔(dome)과 같은 모양이 된다. 완성된 생선요리는 기름종이에 싼 채로 제공된다.
- **생선 그라탱**(fish gratin) 오븐용 그릇에 생선·화이트 소스를 켜켜로 담고, 다진 치즈와 빵가루를 뿌려 오븐에서 구워 낸다.
- **삶은 생선**(boiled fish) 육수 또는 물에 생선살의 응고를 돕는 조미료인 소금·식초(또는 레몬즙)를 넣고 섞은 후, 90℃ 정도에서 얇은 거즈에 싼 생선을 10~20분간 익혀 낸다.
- **생선찜**(steamed fish) 생선을 찜통이나 압력 스티머(pressure steamer)에 넣고 고온의 수증기로 익혀 낸다.
- **브레이즈드 피시**(braised fish) 팬에 채소와 각종 향신료를 깔고, 위에 생선을 얹은 후 소량의 국물로 익혀 낸다.
- **생선 브로셰트**(fish brochette) 생선을 꼬치에 끼워 구워 낸 꼬치구이이다. 생선만 구울 수도 있지만 각종 채소와 함께 끼워 굽기도 한다.
- **조개류** 끓이기(boiling), 튀기기(frying), 찌기(steaming), 그릴 위에 굽기(grilling), 오븐구이(oven baking), 볶기(saute) 등을 이용한다. 조개류가 요리에 이용될 때는 용도에 따라 껍질째 또는 살만 발라서 이용하며 조리 시 주로 술(예: 셰리주, 화이트 와인, 브랜디 등)을 이용하여 맛과 향을 낸다.

생선요리 제공 시 1인분의 양은 뼈가 없는 생선일 경우 100~130g, 뼈가 있는 경우에는 130~250g이 적당하다. 속을 채운 생선요리는 익힐 때 속재료가 빠지지 않도록 꼬치나 실을 사용하고, 조리가 끝나면 이용한 꼬치와 실을 제거한 후 제공한다. 대부분 생선요리를 낼 때는 레몬 조각을 곁들이거나 레몬즙을 뿌려낸다. 가니시(garnish)로는 삶은 감자나 채소가 많이 쓰인다.

## 서양요리에 주로 사용되는 어류

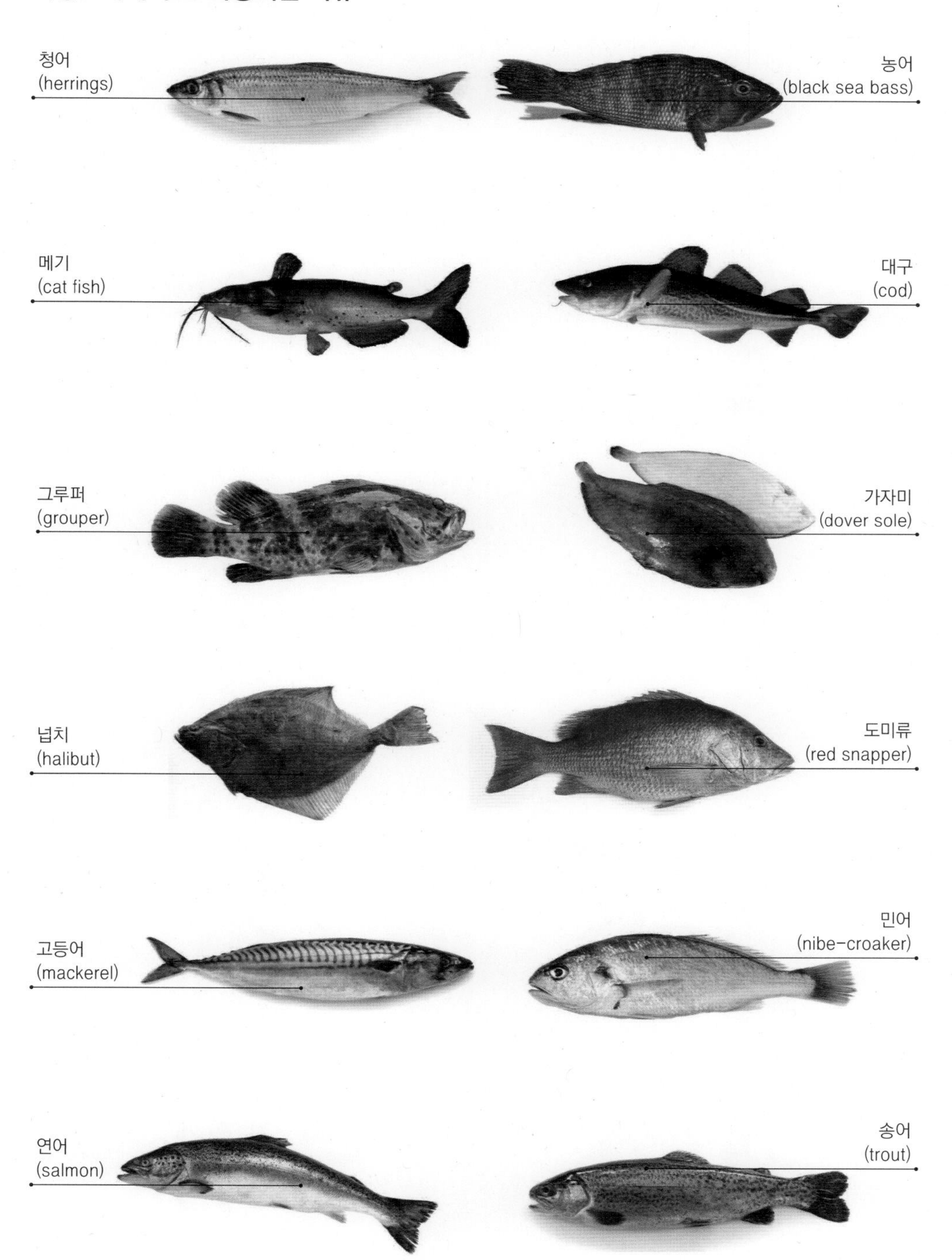

## 서양요리에 주로 사용되는 패류 및 갑각류

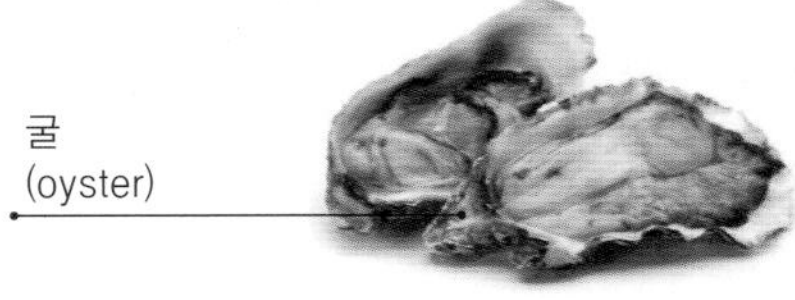

## 2) 육류요리

육류는 크게 조육류(poultry)와 수육류(meats)로 나누어진다. 조육류에는 닭고기(chicken), 칠면조고기(turkey), 오리고기(duck), 꿩고기(pheasant), 메추라기고기(quail) 등이 있으며 수육류에는 쇠고기(beef), 송아지고기(veal), 돼지고기(pork), 양고기(mutton), 어린 양고기(lamb) 등이 포함된다.

### (1) 조육류요리

조육류 중 서양요리에 가장 널리 이용되는 것은 닭고기이며 칠면조(turkey) 또한 서양의 추수감사절이나 크리스마스 등 주요 명절음식에 이용되는 재료이다. 이외에도 메추라기(quail)나 비둘기(pigeon) 등 야생 조육류도 서양요리에서 자주 볼 수 있는 재료들이다.

신선한 상태의 조육류를 선택할 때는 껍질이 연한 크림색이고 촉촉해 보이며 가슴살이 통통하고 포장이 잘된 것을 골라야 한다. 내장이 있는 경우라면 포장을 벗긴 후 내장을 신속하게 제거하는 것이 위생상 안전하다. 냉동 조육류의 경우에는 포장된 채 냉동실에 보관하고 사용 시 냉장고에서 서서히 해동하는 것이 바람직하다.

조육류의 조리도 수육류 조리와 마찬가지로 습열 조리와 건열 조리, 또는 두 가지 방법을 혼합한 조리 방법이 이용된다. 고기의 연한 정도에 따라 질긴 고기에는 습열 조리 방법을 많이 쓰며, 연한 고기에는 건열 조리 방법을 주로 이용한다. 닭고기의 경우 통닭, 가슴살, 닭다리 등 다양한 형태로 구입이 가능하고 건열 및 습열 조리 모두에 적합하다. 칠면조도 닭고기와 마찬가지로 요리에 따라 다양한 부위를 이용하며 로스팅, 캐서롤, 브레이징, 딥 프라잉, 팬 프라잉에 적합하다. 오리의 경우 닭이나 칠면조보다 지방이 많은 조류이므로 로스팅, 브로일링에 적합하며 보통 오렌지와 같은 과일 소스 등이 함께 제공되어 느끼한 기름맛을 보완한다.

통으로 이용하는 조육류를 로스팅하기 전에 뼈를 제거하고 살을 넓고 얇게 펴는 작업을 스패

스패치콕 치킨

조육류의 월령별 명칭과 특징

| 구분 | | 명칭 | 중량(kg) | 성별 | 월령(월) | 특징 | 조리 용도 |
|---|---|---|---|---|---|---|---|
| 닭 | 1년 이하 | broiler | 1.13 | 수·암 병아리 | 2~3 | 담백하고 살이 매우 연하며 지방이 거의 없다. | 프라잉, 브로일 |
| | | fryer | 1.13~1.6 | 수·암 병아리 | 3~5 | 부드럽고 피하지방이 약간 있다. | 프라잉, 브로일 |
| | | roaster | ≥1.6 | 수탉 | 5~10 | 피하지방이 형성되어 있다. | 로스팅, 프라잉 |
| | | capon | ≥1.8 | 거세한 수탉 | 7~10 | 육질이 연하고 가슴 고기 양이 많다. | 로스팅 |
| | | pullet | 1.12~2.48 | 암탉 | 4~9 | 로스터(roaster)와 비슷하나 몸집이 작고 통통하다. | 로스팅, 스튜, 브레이징 |
| | 1년 이상 | stag | roaster와 cock의 중간 | 수탉 | ≥ 1년 | 껍질이 거칠고 육질이 질기다. | 스튜, 브레이징 |
| | | fowl | 1.8~2.7 | 암탉 | | 껍질이 두껍고 지방과 고기가 많다. | 브레이징, 스튜, 수프 |
| | | cock | 1.8~3.15 | 수탉 | | 껍질이 거칠고 고기가 어둡고 질기다. | 수프, 스튜 |
| 칠면조 | 1년 이하 | broiler | 1.35~3.15 | 수·암컷 | 2~6 | 지방이 거의 없고 고기가 연하다. | 로스팅 |
| | | roaster | 2.0~11.25 | 수·암컷 | 6~11 | 지방이 약간 있고 육질이 연하다. | 로스팅 |
| | 1년 이상 | hen | ≥6.75 | 성숙한 암컷 | ≥ 1년 | 지방이 많고 육질이 질기다. | 로스팅, 브레이징, 스튜 |
| | | tom | 7.2~11.25 | 성숙한 수컷 | ≥ 1년 | 육질이 질기고 가슴뼈가 매우 단단하다. | 포트 로스팅, 브레이징 |
| 오리 | 1년 이하 | duckling | 0.9~1.8 | 새끼 오리 | 2~3 | | 프라잉, 로스팅 |
| | | younger duck | 1.8~2.2 | 어린 오리 | 4~9 | | 로스팅 |

치코킹(spatchcocking)이라고 한다. 이러한 작업을 거치면 로스팅 시 익는 시간이 단축되고 껍질이 더욱 바삭해진다.

조육류의 연한 정도는 월령에 좌우되며 월령별로 다른 명칭으로 불린다.

### (2) 수육류요리

서양요리의 수육류 조리에는 열의 대류·전도·복사의 세 가지 방법이 다양하게 사용된다. 열의 대류현상을 이용한 조리 방법으로는 로스팅(roasting), 브로일링(broiling), 프라잉(frying), 브레이징(braising)이 있고, 열의 전도현상을 이용하는 방법으로는 팬 브로일링(pan broiling)과 섈로우 프라잉(shallow frying)이 있다. 열의 복사현상을 이용한 대표적 조리 방법은 그릴링(grilling)이다.

**수·조육류의 익은 정도 및 온도**

| 구분 | 최종 온도 | 설명 |
|---|---|---|
| **쇠고기·송아지·양** | | |
| rare | 58℃/135℉ | |
| medium rare | 63℃/145℉ | 고기 내부가 투명하다. |
| medium | 70℃/160℉ | |
| well–done | 75℃/170℉ | |
| **돼지고기** | | |
| medium | 70℃/160℉ | 고기가 전체적으로 불투명하고, 약간의 탄력이 있으며 엷은 다홍색의 육즙이 보인다. |
| well–done | 75℃/170℉ | |
| **햄** | | |
| fresh ham | 70℃/160℉ | 약간의 탄력이 있으며 엷은 다홍색의 육즙이 보인다. |
| precooked(to reheat) | 60℃/140℉ | |
| **조육류** | | |
| whole birds(닭·칠면조·오리·거위) | 82℃/180℉ | 다리가 잘 뜯어진다. |
| poultry breast(가슴살) | 75℃/170℉ | 고기가 불투명하고 살이 단단하다. |
| poultry legs, wings(다리·날개) | 82℃/180℉ | 고기가 뼈로부터 잘 분리된다. |
| stuffing(속을 채운 것) | 73℃/165℉ | 갈아 놓은 고기와 육류의 혼합물이다. |
| turkey, chicken | 73℃/165℉ | 고기가 불투명하다. |
| beef, veal, lamb, pork | 70℃/160℉ | 고기가 불투명하고 붉은기가 없는 육즙이다. |

자료: The culinary institute of America *The Professional Chef*. John Wiely & Sons, Inc. New York, NY. 2002.

이외 육류의 조리 방법은 물의 첨가 여부에 따라 물을 사용하지 않는 건열 조리(dry heat method, 예: roasting, broiling, pan broiling)와 물을 사용하는 습열 조리(moist heat method, 예: braising, stewing, pot-roasting)로 나뉘기도 한다.

육류는 도살 직후 사후 경직이 일어나 근육이 굳어지고 조직의 보수성이 감소되기 때문에 이때 고기를 먹게 되면 질기고 단단한 맛만 느껴진다. 경직된 육류의 근육은 냉장 상태인 4°C에서 7~14일이 지나면서 풀리기 시작하는데, 이때부터 고기에 탄력이 생기면서 부드러워지고 색깔도 광택을 지닌 밝은 적색을 띠게 된다. 따라서 연한 고기를 이용하고자 할 때는 일정 기간 숙성시켜 사용하는 것이 가장 좋으나 다음과 같이 육류 단백질의 물리적·화학적 변화를 이용한 방법을 쓰기도 한다.

- 질긴 고기를 부드럽게 연화시키는 방법 중 가장 쉽게 응용할 수 있는 방법은 육류용 망치를 이용하여 두들기는 것으로 물리적 힘이 가해지면서 육류의 결체조직과 근섬유가 파괴되어 육류의 조직이 부드러워진다. 두들기기와 병행하면 더욱 큰 효과를 볼 수 있는 방법으로는 칼집 내기가 있다. 고기에 잔 칼집을 넣어 질긴 힘줄을 잘라내거나 굵직굵직하게 칼집을 내는 방법인데 이렇게 하면 고기가 연해진다. 또 고기의 섬유질에 직각이 되도록 자르면 고기가 부드러워진다. 고기의 섬유질과 같은 방향으로 자르면 육질이 질겨지고 조리 후 섬유가 수축되어 고기의 모양도 변하므로 주의해야 한다. 질긴 고기의 경우에는 얇게 자르는 방법도 효과적이다.
- 육류를 조리하기 전에는 연화를 촉진하는 식품을 첨가할 수 있다. 요리의 종류에 따라 키위즙·파인애플즙·배즙 등에 고기를 재면 단백질 분해효소의 작용으로 고기가 연해진다. 레몬즙·감귤즙 등을 첨가하면 육류를 산성화시켜 수화성이 증가되고 육질이 부드러워지지만 pH 5~6에서는 단백질의 등전점에 가까워져 오히려 육질이 단단해질 수 있으므로 주의해야 한다.
- 조리 전에 식초로 씻거나 기름, 각종 허브, 와인, 설탕 등을 넣은 조미액에 고기를 재는 것(marinating)도 고기를 연하게 하는 방법이다.
- 이외에도 시중에 상품화된 분말연육제(meat tenderizer)를 이용할 수도 있다.

육류는 구입 후 위와 같은 여러 방법으로 적절하게 손질하는 것도 중요하지만, 부위에 따라 알맞은 조리법을 사용해야 고기가 연해지고 제맛도 살릴 수 있다. 육류요리에 주로 이용되는 조리법은 다음과 같다.

- **로스팅**(roasting) 로스팅용 고기는 질이 좋은 것을 사용해야 한다. 고기는 실온 상태의 것을 사용해야 고루 익으며 굽는 도중 소스나 버터 등을 자주 발라 주는 것이 좋다. 로스팅 중에 소금을 뿌리면 수분이 빠져나와 고기가 질겨지므로 요리하기 전이나 후에 뿌리도록 한다. 오븐의 온도는 쇠고기·송아지고기·양고기·소금에 절인 돼지고기의 경우 150~165℃로 기호에 따라 레어(rare), 미디엄(medium), 미디엄 웰던(medium well-done), 웰던(well-done) 등으로 구분하여 굽는다. 단, 생 돼지고기는 165~175℃로 온도를 맞추고 항상 웰던으로 조리해야 한다.
- **브로일링**(broiling) 브로일링 시에는 고기의 위 표면을 불에서 5~8cm 정도 떨어뜨려 조리한다. 고기의 윗부분이 갈색이 되거나 반쯤 익었을 때 꺼내어 윗부분만 소스를 발라 다시 굽고, 서빙할 때는 따뜻하게 데운 접시에 소스로 양념된 부분이 접시 밑으로 가도록 담아 양념되지 않은 쪽에 소스를 끼얹거나 곁들여 제공한다.
- **팬 브로일링**(pan broiling) 연한 고기를 두께 2cm 정도로 썰어 이용하는 것이 좋으며 밑면이 두꺼운 냄비나 프라이팬을 이용하여 고기를 뒤집어 가며 익힌다. 고기의 표면이 갈색이 나면 온도를 낮추어 속까지 천천히 익힌다. 조리 시 기름은 사용하지 않으며 조리 도중 기름이 생기면 따라 내고, 뚜껑은 덮지 않고 타지 않게 물을 약간 부으면서 익힌다.
- **브레이징**(braising) **또는 포트 로스팅**(pot roasting) 주로 질긴 부위를 조리할 때 이용하는 방법으로 고기를 두꺼운 팬에서 로스팅한 다음, 물을 붓고 약한 불에서 푹 익힌다. 오븐을 이용하여 브레이징하는 경우 149~163℃ 정도에서 익히며, 압력 냄비를 이용할 경우 10~15분 정도 익힌다.
- **스튜잉**(stewing) 고기를 큼직한 정방형으로 썰고 프라이팬에 한 번 볶아 수프 스톡이나 물을 붓고 뚜껑을 덮어 약한 불에서 뭉근하게 익힌다. 이때 월계수잎·통후추·타임 등 다양한 허브와 셀러리·양파 등 각종 채소를 함께 넣어 맛을 낸다.
- **바비큐와 그릴링**(barbecue & grilling) 두 방법 모두 불 위에 석쇠를 놓고 그 위에서 고

기를 익히는 방법으로 고기를 굽는 데 걸리는 시간은 그릴의 온도, 열원과 고기 사이의 거리에 의해 달라진다. 고기는 소스를 발라 가며 굽는 것이 보통이지만 미리 마리네이드된 육류는 구울 때 소금·후추만으로 간을 하여 굽기도 한다. 열원으로는 장작·목탄·석탄·가스·전기 등이 쓰인다.

- **소테잉(sauteing)** 주로 송아지고기·포크 캐서롤·포크 텐더로인 등을 조리하는 데 이용된다. 고기를 일정한 크기로 썰어서 소금과 후춧가루로 간을 하고 밀가루를 묻혀 볶은 후 채소를 첨가하거나, 수프 스톡이나 와인을 넣고 수분을 첨가하기도 한다.

## 쇠고기의 부위별 형태 및 명칭

## 송아지고기의 부위별 형태 및 명칭

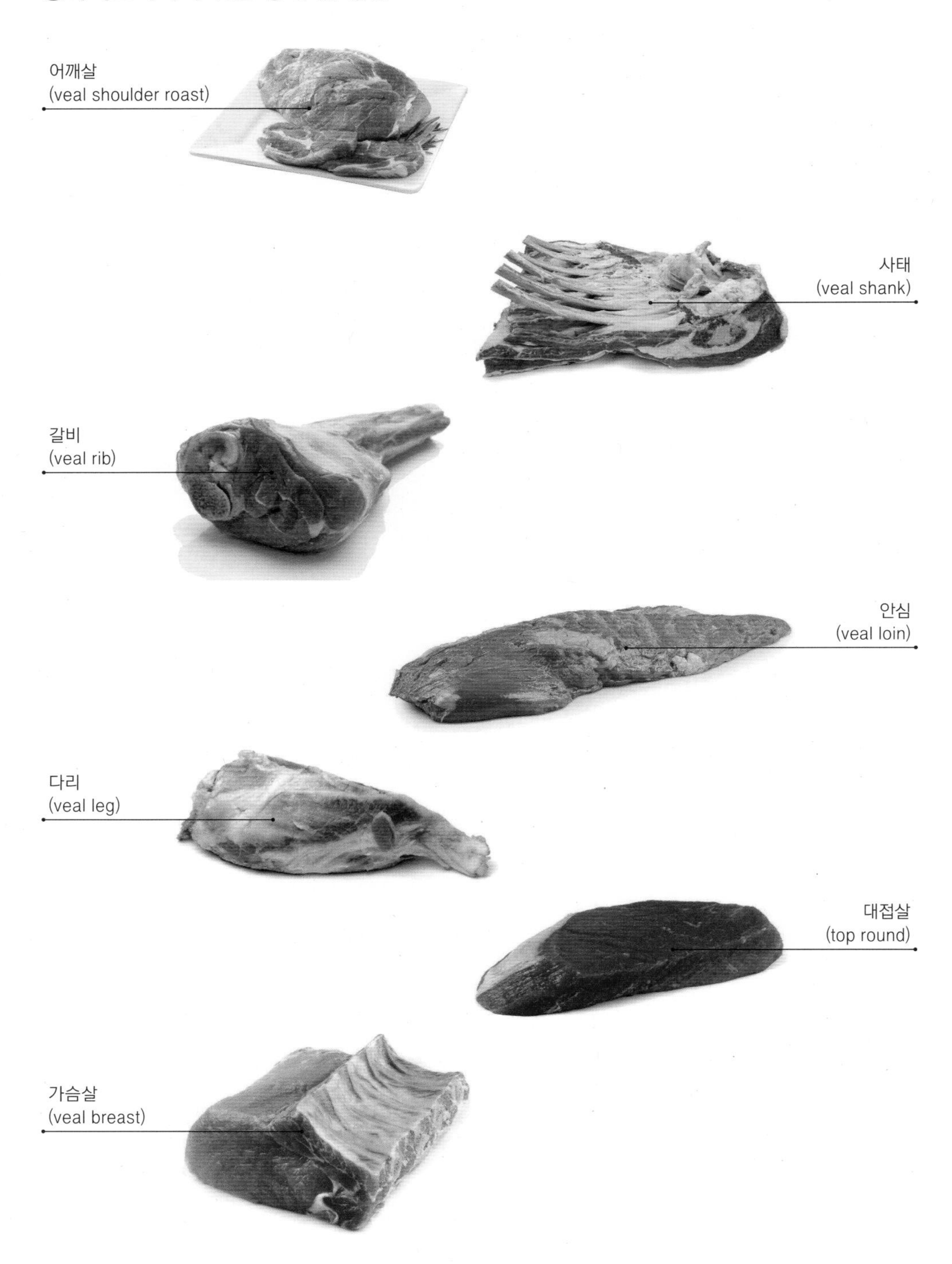

## 돼지고기의 부위별 형태 및 명칭

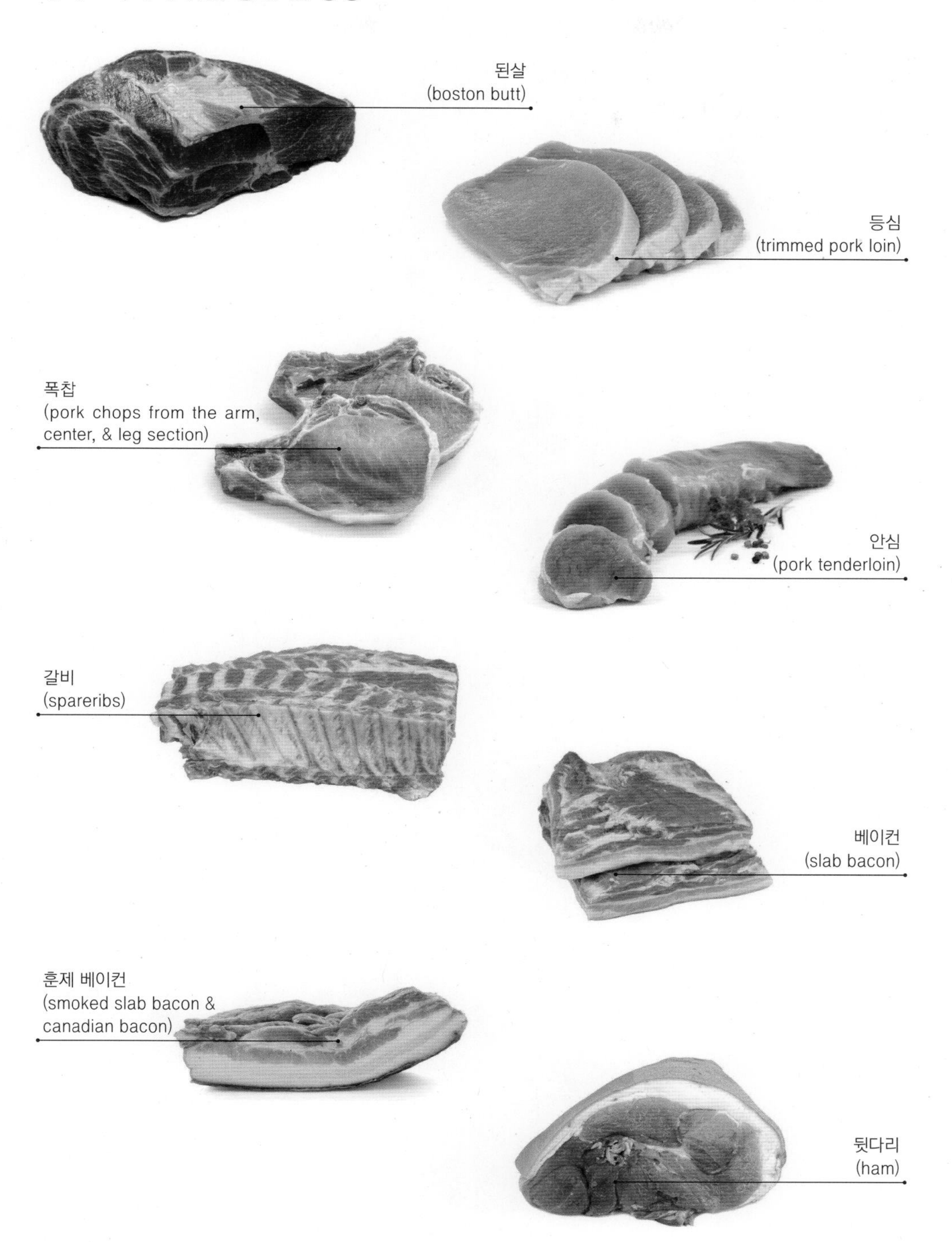

## 양고기의 부위별 형태 및 명칭

*Fish en Papillote*

# 피시 빠삐요트

## 재료 및 분량 |4인분|

흰살 생선(fish fillets) 400g(4조각), 소금·후추 약간,
밀가루 ¼C, 버터 2T, 파슬리(다진 것) 1T,
쿠킹호일 또는 기름종이(wax paper)

**새우 소스**

화이트 소스 1C, 생크림 ½C, 새우 80g,
버터 2T, 소금·후추 약간

팬에 버터를 녹이고 곱게 다진 새우를 넣어 볶다가 화이트 소스와 생크림을 넣고 잠깐 끓인 후, 소금·후추로 간한다.

**화이트 소스**

버터 3T, 밀가루 3T, 우유 1C, 소금·후추, 너트메그 약간

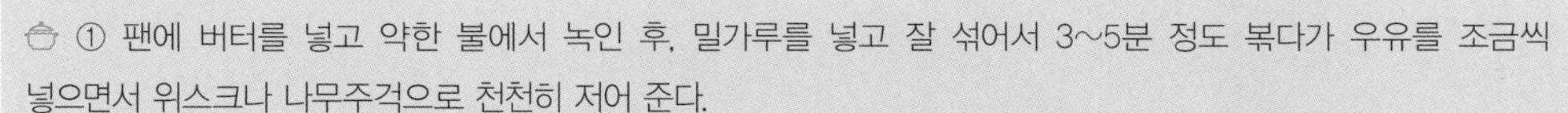

① 팬에 버터를 넣고 약한 불에서 녹인 후, 밀가루를 넣고 잘 섞어서 3~5분 정도 볶다가 우유를 조금씩 넣으면서 위스크나 나무주걱으로 천천히 저어 준다.
② 소스가 걸쭉해지면 175℃ 오븐에 넣어 20분간 익히고 체에 한 번 거른 다음 소금·후추로 간하고 너트메그를 약간 넣어 향을 더한다.

## 만드는 법

1 흰살 생선은 살만 포로 떠 놓은 것으로 준비해서 두께 0.7cm로 만들고 소금·후추로 간하여 30분 정도 재어 놓는다.
2 팬에 버터를 녹이고 **1**의 생선에 밀가루를 입혀 표면이 노릇해지도록 굽는다.
3 쿠킹호일이나 기름종이를 직경 20cm 정도의 원형으로 잘라 원의 절반 지점에 **2**의 생선을 놓고, 그 위에 새우 소스를 얹은 후 파슬리가루를 뿌린다. 종이가 벌어지지 않도록 잘 접어 230℃로 예열된 오븐에 10~15분 정도 굽는다.
4 쿠킹호일을 사용할 경우 쿠킹호일의 윗부분을 약간 벌려 3분 정도 더 구운 후 그대로 접시에 담아 낸다. 기름종이는 열지 않고 부풀어 오른 채로 뜨거울 때 낸다.

**TIP**

- 빠삐요트는 사탕을 싸는 포장지를 뜻하는데, 서양조리에서 빠삐요트는 마치 사탕을 싸듯 생선을 종이호일로 감싸 스팀에 찌는 방식을 말한다. 이 방법을 사용하면 수분이 손실되지 않고, 육즙이 그대로 있어 촉촉한 생선살을 맛볼 수 있다.

*Fish Roti*

# 피시 뢰스티

### 재료 및 분량 | 4인분 |

대구 또는 도미 필레(sole or cod fillets) 480g(4조각), 소금·후추 약간, 레몬즙 3T, 밀가루 ¼C, 감자 4~5개, 녹말가루 ¼C, 버터 4T, 식용유 3T, 호박·당근 1개씩

**버터 소스**

양파(다진 것) 2T, 버터 150g, 화이트와인 40mL, 생크림 2T, 레몬즙 1T, 소금·후추 약간, 파슬리(다진 것) 1T

① 팬에 버터 1T을 넣고 녹으면 양파 다진 것을 넣어 볶다가 색이 투명해지면 와인을 넣고 증발시킨다.
② 나머지 버터, 생크림, 레몬즙을 넣고 잘 섞는다.
③ 소금·후추로 간하고 파슬리가루를 넣어 섞는다.

**가니시(garnish)**

호박 1개, 당근 ½개, 버터 1T, 소금 약간

호박과 당근은 작은 스쿱으로 떠서 소금물에 데치고 버터에 살짝 볶아 가니시로 사용한다.

### 만드는 법

1 생선살은 너무 두껍지 않게 0.8~1cm로 저민 다음 소금·후추와 레몬즙을 뿌려 둔다.
2 감자는 껍질을 벗기고 가늘게 채 썰어 갈변되지 않도록 물에 담가 둔다.
3 **2**의 준비해 놓은 감자는 물기를 제거하고 녹말가루를 넣어 버무린다.
4 버터와 식용유를 두른 팬에 **3**의 감자채를 납작하게 깔고, 그 위에 밀가루를 묻힌 **1**의 생선을 얹은 후, 다시 감자채를 덮어 옅은 갈색이 될 때까지 익힌다. 이때 자주 뒤집지 않으며 밑면이 노릇노릇해지면 한 번 뒤집어 다른 한쪽도 색이 날 때까지 익힌다.
5 접시에 버터 소스를 먼저 두르고 소스 가운데 **4**의 피시 뢰스티를 얹은 다음, 가니시로 만들어 둔 호박과 당근으로 장식한다.

**TIP**

- 뢰스티는 독일의 영향을 받은 스위스의 대표음식으로, '바삭하고 노릇하다(crisp & golden)'라는 뜻을 갖고 있다. 포테이토 팬케이크라고도 할 수 있는 이 음식은 베이컨, 양파, 햄, 로즈메리, 달걀, 버섯, 생선 등 여러 재료를 섞어 만들기도 한다.

*Fish & Chips*

# 피시 앤 칩스

## 재료 및 분량 | 2~3인분 |

**생선튀김** 흰살 생선(스테이크용) 250g, 소금·후추 약간, 밀가루 1C, 전분 ½C, 베이킹파우더 ½t, 맥주 250mL, 튀김용 식용유

**프렌치프라이** 감자 2개, 소금·후추 약간, 튀김용 식용유

**타르타르 소스**

마요네즈 ½C, 양파(다진 것) ¼개, 오이 피클 (다진 것) 1T, 달걀(삶아서 다진 것) 1개, 레몬즙 1T, 머스터드소스 ½t, 설탕 2t, 소금·후추 약간

준비된 재료를 모두 섞는다.

## 만드는 법

1 흰살 생선은 가시를 제거하고 비슷한 크기로 길게 썰어 소금·후추로 밑간한다. 튀김 반죽이 준비될 때까지 냉장고에 넣어 둔다.

2 큰 그릇에 밀가루, 전분, 베이킹파우더를 넣고 차가운 맥주를 나누어 붓는다. 거품기로 덩어리 없이 섞어 튀김 반죽을 준비한다. 반죽에 랩을 씌워 냉장실에 20분간 휴지시킨다.

3 **1**의 생선에 밀가루를 입히고 **2**의 반죽을 듬뿍 묻혀 180℃로 가열한 식용유에 노릇하게 튀긴다.

4 감자는 깨끗이 씻어 껍질을 벗기고 두께 1cm로 길게 썬 다음, 물에 담가 놓아 갈변을 방지한다. 끓는 소금물에 썰어 둔 감자를 3분 정도 데친 후, 물기를 제거하고 170℃ 식용유에 노릇하게 튀겨 낸다. 튀긴 감자는 잠시 망에 놓아 기름기가 빠지면 소금·후추를 뿌려 간한다.

5 큰 접시에 **3**의 생선튀김을 담고 **4**의 프렌치프라이를 생선튀김 옆에 함께 놓은 후, 타르타르 소스를 곁들여 낸다.

*Salmon Steak*

# 살몬 스테이크

재료 및 분량 | **4인분** |

연어 600g(4조각), 소금·후추 약간, 버터 4T,
화이트 소스 1C, 홀스래디시 2T, 레몬즙 1T,
연어알 3~4T

**화이트 소스**

버터 3T, 밀가루 3T, 우유 1C, 소금·후추, 너트메그 약간

① 팬에 버터를 넣고 약한 불에서 녹인 후, 밀가루를 넣고 잘 섞어서 3~5분 정도 볶다가 우유를 조금씩 넣으면서 위스크나 나무주걱으로 천천히 저어 준다.
② 소스가 걸쭉해지면 175℃ 오븐에 넣어 20분간 익히고 체에 한 번 거른 다음, 소금·후추로 간하고 너트메그를 약간 넣어 향을 준다.

만드는 법

1 연어에 소금과 후추를 뿌려 간하고 버터를 발라 30분 정도 둔다.
2 화이트 소스 1C에 홀스래디시, 레몬즙을 넣고 잘 섞는다.
3 오븐용 팬에 **1**의 연어를 놓고 호일로 팬의 윗면을 덮은 후, 230℃로 예열한 오븐에 20분 정도 굽는다. 구워진 연어를 꺼내 윗면의 호일을 벗기고 175℃ 오븐에 다시 넣어 8~10분 정도 더 굽는다.
4 **3**에서 구운 연어를 접시에 담고, **2**의 소스를 연어 가장자리에 뿌린 후 연어알을 얹어 낸다.

*Chicken Kiev*

# 치킨 키예프

재료 및 분량 | **4~5인분** |

닭가슴살 240g(4덩어리), 레몬즙 4t,
버터(상온에 둔 것) 110g, 마늘(다진 것) 1t,
레몬 제스트 2t, 파슬리(다진 것) 1T, 밀가루 ⅓C,
빵가루 2C, 콘플레이크 ½C, 이쑤시개,
식용유(튀김용)

**튀김옷 반죽**

**밀가루 ¼C, 소금·후추 약간, 카옌 페퍼 ¼t, 달걀 1개, 우유 ¼C**

볼에 밀가루, 소금·후추, 카옌 페퍼를 섞어 체에 친다. 그다음 달걀을 넣어 섞고 우유를 조금씩 넣어 가며 반죽한다.

만드는 법

1 닭가슴살은 저며서 넓게 피고 레몬즙을 앞뒤로 발라 둔다.
2 버터가 부드러워지면 다진 마늘, 레몬 제스트, 다진 파슬리, 소금·후추를 넣어 잘 섞는다.
3 **2**의 버터로 직경 2cm 정도의 버터 스틱(butter stick)을 만들고 랩으로 싸서 냉동고에 잠시 넣어 둔다.
4 **1**의 닭가슴살에 **3**의 버터스틱을 넣고 돌돌 말아 튀긴다. 이때 버터가 흘러나오지 않도록 끝부분을 이쑤시개로 홈질하듯 봉한다.
5 콘플레이크는 당분이 없는 것을 사용하고, 푸드 프로세서에 갈아 빵가루와 섞는다.
6 **4**에 밀가루를 묻혀 털어 내고 튀김옷 반죽을 입힌 다음, **6**의 빵가루와 콘플레이크 혼합물을 묻혀서 170~180℃ 기름에 튀긴다.
7 **6**에서 튀긴 닭의 가장자리에 있는 이쑤시개를 빼고 먹기 좋은 크기로 썰어 낸다

TIP

- 치킨 키예프는 러시아의 치킨요리로 키예프는 우크라이나의 수도명이다. 이 음식의 기원에 대해서는 여러 가지 설이 있으나 1840년대 러시아에서 요리사들을 프랑스로 파견하여 다양한 요리를 배워 오게 했는데 그중 한 가지가 'celettes de volaille'였으며 이것이 키친 키예프라는 이름으로 변형되었다는 것이 하나의 설이다. 특히 치킨 키예프는 미국의 러시아 식당에서 판매되기 시작했다고 하며 치킨 슈프림(chicken supreme)으로 불리기도 한다. 제2차 세계대전 이후 미국 내 러시아 레스토랑에서 대표적인 메뉴가 되었다고 한다.

*Chicken Cake*

# 치킨 케이크

### 재료 및 분량 | **5~6인분** |

닭가슴살 330g, 간장 1½T, 설탕 1½T, 달걀 1½개, 양파(다진 것) ½개, 빵가루 2T, 밀가루 ⅔T

**로즈메리 소스**

올리브오일 2T, 화이트와인 1T, 굴소스 2T, 꿀 1⅓T, 로즈메리 ½t, 오레가노 ½t, 후추 약간

준비된 재료를 모두 섞어 살짝 끓인 후 식혀 둔다.

### 만드는 법

1 닭가슴살을 적당한 크기로 잘라 간장, 설탕, 달걀을 넣고 섞은 후, 푸드 프로세서에 곱게 간다. 간 고기의 ⅔는 양파 다진 것과 섞어 프라이팬에 볶아 80% 정도 익힌다.
2 익은 것과 익히지 않고 남겨 둔 반죽 ⅓을 섞어 푸드 프로세서에 다시 간 다음, 빵가루와 밀가루를 넣고 섞는다.
3 **2**의 반죽을 두 덩어리로 나누어 오븐용 팬에 럭비공 모양으로 만들어 놓고, 겉면에 포크로 긴 줄을 그어 모양을 만든다.
4 180℃ 오븐에 **3**을 넣고 10분 정도 굽다가 로즈메리 소스를 발라 오븐에 다시 넣는다. 이후 4~5분 간격으로 소스를 3~4번 정도 더 발라 굽는다. 소스를 세 번 정도 바르면 윤기가 나고 맛도 좋아진다.
5 구워진 치킨 케이크를 두께 1cm로 슬라이스하여 접시에 담고 소스를 뿌려 낸다.

*Coq au Vin*

# 꼬꼬 오 뱅

### 재료 및 분량

닭다리 8개(1.2kg), 소금·후추 약간, 밀가루 ¼C,
식용유 4T, 작은 샬롯 또는 양파 1개, 마늘 3톨,
양송이버섯 250g, 베이컨 100g, 버터 1T+1T,
브랜디(플람베용) 2T, 레드와인 600mL,
치킨 스톡 150mL, 토마토 페이스트 1T,
타임 3줄기, 월계수잎 2개, 파슬리 줄기 2~3줄기,
파슬리(다진 것) 3T

### 만드는 법

1 닭다리에 어슷하게 칼집을 넣고 소금·후추로 밑간을 해 둔다.
2 양파는 웨지 형태를 유지하도록 심지 부분과 함께 8등분하고 마늘은 얇게 슬라이스한다. 양송이버섯은 모양대로 2등분한다.
3 베이컨은 길이 3cm로 썰어 팬에 식용유를 두르고 바삭할 때까지 볶는다.
4 **3**의 베이컨은 건지고 베이컨 기름이 있는 팬에 버터 1T을 넣고서 녹여 둔다.
5 **1**의 닭에 밀가루를 입히고 **4**의 팬에 넣어 노릇하게 지지다가 불을 세게 올린 다음, 브랜디를 넣어 플람베 한다.
6 다른 팬에 버터 1T을 넣고 **2**의 마늘과 양송이를 볶아 준다.
7 **5**에 와인과 치킨 스톡을 붓고 토마토 페이스트, **3**의 베이컨, **6**의 마늘과 양송이, 타임, 월계수잎, 파슬리 줄기를 넣고 뭉근히 45분 정도 졸인 후, **2**의 썰어 놓은 양파를 넣고 5분 정도 더 가열한다.
8 접시에 완성된 **7**의 꼬꼬 오 뱅을 담은 후, 다진 파슬리를 얹어 낸다.

**TIP**

- 플람베(flambee)란 알코올을 열원으로 하여 음식에 직접 불을 붙이는 것이다. 조리 중 플람베를 이용하면 고기의 잡냄새를 제거하고 풍미를 높일 수 있다.

*Beef Steak*

# 비프 스테이크

재료 및 분량 | **4인분** |

쇠고기(스테이크용 안심, 두께 1.5cm) 1kg(4덩어리), 베이컨 160g

**가니시**

**브로콜리 250g, 마요네즈 2T, 소금·후추, 당근 1개, 설탕시럽, 감자(구이용) 4개, 사워크림 4T, 차이브 또는 실파(잘게 썬 것) 약간**

① 브로콜리는 끓는 소금물에 데쳐서 따뜻할 때 마요네즈, 소금·후추를 넣어 버무린다.
② 당근은 샤또(Chateau) 모양을 내어 물에 데친 후, 설탕 시럽에 잠시 졸인다.
③ 감자는 호일로 싸서 200℃ 오븐에 넣어 45분 정도 구운 후, 호일에 싼 채 십자로 잘라 껍질을 조금 벗겨 사워크림과 잘게 썬 차이브(또는 실파)를 얹는다.

**그레이비 소스**

**드리핑(dripping), 밀가루 ¼C, 육수 2C, 양파(갈아서 즙낸 것) 1T, 소금·후추 약간, 토마토케첩 3T**

① 고기를 팬에 구워낸 후, 나온 기름인 드리핑에 밀가루를 넣고 볶아 짙은 갈색이 되면 수프 스톡을 조금씩 넣어 가며 브라운 소스를 만든다.
② 양파즙, 소금·후추, 토마토케첩을 넣고 잘 섞어 잠시 끓인다.

### 만드는 법

1 스테이크용 고기의 모양이 흐트러지지 않도록 베이컨에 밀가루를 묻혀 고기의 둘레에 둘러 준다. 실로 묶거나 이쑤시개로 꽂는다. 고기는 양념하지 않고 기름만 위아래에 발라 1시간 정도 재어 둔다.
2 팬에 버터를 완전히 녹이고 구수한 향이 나면 고기를 넣고 굽는다. 이때 완성 후 위로 보이게 될 부분이 팬에 먼저 닿게 하여 고기를 넣고, 앞뒤로 옅은 갈색이 나게 굽는다(rare). 스테이크를 썰었을 때 핏기가 약간만 보이는 게 좋으면 고기의 겉면이 짙은 갈색이 날 때까지 탈 정도로 구워 내고(medium) 완전히 속까지 익히고 싶으면(well-done) 200℃ 오븐에 넣어 5~8분 정도 더 굽는다.
3 접시의 중앙에 고기를 담고 접시 가장자리에 감자와 브로콜리, 당근을 놓는다. 고기 한쪽에 그레이비 소스를 끼얹어 낸다.

**TIP**

- 고기를 굽기 전 기름에 마리네이드하면 잘 타지 않고 수분이 빠져나가지 않아 부드럽다.
- 스테이크(steak)는 팬에 겉면을 익힌 후 오븐에 넣어 속을 익히는 반면 로스팅(roasting)은 고기를 처음부터 오븐에 굽는다.

## Meatloaf
# 미트로프

### 재료 및 분량

쇠고기(다진 것) 450g, 돼지고기(다진 것) 200g, 식빵 2쪽, 양파(다진 것) ½개, 마늘(다진 것) 1T, 베이컨 120g, 달걀 1개, 토마토케첩 ¼C, 오레가노 ½t, 카옌 페퍼 ¼t, 너트메그 ¼t, 소금·후추 약간

### 만드는 법

1 식빵은 잘게 뜯어 푸드 프로세서(food processor)에 넣고 가루로 만든다.
2 베이컨은 잘게 썬 후, 프라이팬에 넣고 볶아 기름은 따라 버린다. 다진 양파를 넣고 투명한 색이 될 때까지 볶다가 마늘 다진 것을 넣고 잠시 더 볶은 다음 불에서 내려 식힌다.
3 다진 고기에 **1**과 **2**, 달걀, 토마토케첩, 오레가노, 카옌 페퍼, 너트메그, 소금·후추를 넣고 치대어 반죽에 찰기가 생기면 길고 둥그스름한 빵 덩어리 모양으로 만든다.
4 직사각형의 오븐 용기 안에 기름을 조금 바른다. **3**을 넣은 후 180℃ 오븐에서 윗면에 갈색이 날 때까지 1시간 정도 굽는다.
5 다 익으면 꺼내고 식빵을 자르듯이 슬라이스하여 토마토 소스나 케첩을 곁들여 낸다.

*Pork Casserole*

# 포크 캐서롤

### 재료 및 분량 | 4~5인분 |

돼지고기 600g, 밀가루 ½C, 소금·후추 약간, 대파 1뿌리, 양송이버섯 90g, 버터 6T, 감자 3개, 당근 2개, 식용유 3T, 맥주 1C, 핫소스 2t, 월계수잎 1장, 파슬리가루 2T

**감자 새집 그릇**

감자 3개, 녹말가루 50g, 소금 약간

① 감자는 0.3cm로 채 썰어 갈변이 되지 않게 물에 담가 둔다.
② 채 썬 감자의 물기를 제거하고 녹말가루를 묻힌다.
③ 직경 20cm 정도 되는 둥근 체에 ②의 감자를 새집처럼 엉기게 하여 체의 윗부분까지 올라오도록 편 후, 같은 크기의 체를 위에 겹치게 놓고 누른다. 180℃ 기름에 옅은 갈색이 나도록 튀긴다.

### 만드는 법

1 돼지고기는 2.5cm 정육면체로 썰어 밀가루, 소금·후추를 넣고 잘 버무려 놓는다.
2 대파는 곱게 다지고 양송이버섯은 깨끗이 닦아 4등분한다.
3 감자와 당근은 잘 씻은 후 크기 3cm 정도로 썬다. 팬에 식용유를 두르고 노릇노릇해질 때까지 볶다가 소금·후추로 간한다.
4 팬에 버터를 녹이고 **2**의 대파 다진 것을 넣고 볶다가 **1**의 돼지고기를 넣고 5분 정도 익힌다. 고기의 겉면에 갈색이 나면 **2**의 양송이버섯, **3**의 채소, 맥주, 핫소스, 월계수잎을 넣고 약한 불에서 1시간 정도 끓인 후 월계수잎은 꺼낸다.
5 접시에 감자로 만든 그릇을 놓고 완성한 **4**의 캐서롤을 담아 파슬리가루를 뿌려 낸다.

**TIP**

• 캐서롤은 조리한 채로 식탁에 내놓을 수 있는 서양식 찜냄비로 오븐에 넣어 높은 열에서 견딜 수 있는 그릇을 말한다. 또한 이 그릇을 이용한 음식을 일컫는 용어이기도 한다.

*Schnizel*

# 슈니첼

### 재료 및 분량 |4인분|

돼지고기(등심, 두께 1cm) 600g(4조각), 밀가루 100g, 마늘(다진 것) 2t, 달걀 1개, 빵가루 2컵, 소금·후추 약간

**양송이버섯 소스**

**양송이버섯 3개, 레드와인 2T, 치킨 스톡 500mL, 토마토 페이스트 1T, 버터 1½T, 밀가루 1½T, 소금 ½t, 후추 약간**

① 팬에 버터와 밀가루를 넣고 진한 갈색이 날 때까지 볶는다.
② 얇게 슬라이스한 버섯을 팬에 넣고 물기가 없어질 때까지 볶는다.
③ 와인을 넣고 알코올을 완전히 증발시킨 후 치킨 스톡, 토마토 페이스트, 소금, 후추를 넣고 중불에 뭉근하게 저으며 끓인다.

### 만드는 법

**1** 돼지고기를 두드려서 최대한 얇게 펴고 소금·후추를 뿌린 후, 다진 마늘을 펴 발라 밑간을 한다.
**2** 1의 고기에 밀가루, 달걀, 빵가루를 순서대로 묻혀 170℃ 기름에 두 번 튀긴다.
**3** 갈색으로 튀긴 슈니첼을 그릇에 담고 양송이버섯 소스를 곁들여 낸다.

**TIP**

- 슈니첼 소스의 색은 진한 갈색이 나도록 오래 볶는다. 이때 밀가루가 뭉치지 않도록 주의한다.
- 슈니첼 소스로 예거소스(Jager sauce)를 곁들여도 좋다. 예거 소스는 버섯과 생크림을 이용한 것으로 재료와 만드는 방법은 다음과 같다.

**예거 소스(Jager sauce)**

양파(다진 것) ¼개, 양송이버섯 3개, 레드와인 2T, 치킨 스톡 500mL, 생크림 2T, 토마토 페이스트 1T, 버터 1½T, 밀가루 1½T, 소금 ½t, 후추

① 팬에 버터를 녹여 양파 다진 것을 볶다가 양송이버섯을 넣고 충분히 볶는다.
② 앞에서 만든 것에 밀가루를 넣고 볶다가 와인을 넣고 알코올을 완전히 증발시킨다.
③ 치킨 스톡, 토마토 페이스트, 소금, 후추를 넣고 중불에 뭉근하게 저으며 끓이다가 생크림으로 농도를 조절한다.

# 4 파스타

파스타는 '반죽'을 뜻하는 이탈리아어로 밀가루를 반죽해 만든 각종 면류의 총칭이다. 파스타는 장기간 저장이 가능하도록 건조 파스타의 형태로 만들게 되면서 이탈리아뿐만 아니라 세계로 퍼져 나갔다. 17세기 초 파스타 압축기의 발명으로 대량 생산이 가능해짐에 따라 서양 어디에서나 쉽게 이용할 수 있는 대표적인 면요리의 재료로 자리 잡게 되었다. 보통 파스타는 듀럼 밀(durum wheat)로 만든 밀가루인 세몰라(semola) 또는 세몰리나(semolina)를 가지고 만든다. 세몰라는 입자가 거칠고 글루텐 함량이 높아 녹말 입자가 쉽게 분해되지 않고 수분 흡수가 조절되어 잘 부풀지 않는다. 따라서 세몰라를 이용한 파스타는 질이 좋으며 그 형태가 잘 유지된다.

파스타는 모양과 조리법에 따라 수백여 종의 이름과 요리가 존재한다. 기본적으로 파스타는 건조 파스타와 생파스타, 모양에 따라 롱파스타(긴 파스타: pasta lunga), 쇼트 파스타(짧은 파스타, pasta corta), 플랫 파스타(납작한 모양의 파스타, flat pasta) 등으로 나눌 수 있고, 이외에도 속을 채운 파스타(stuffed pasta; pasta ripiena), 속을 채우기 위한 파스타(pasta da ripieno), 수프용의 작은 파스타(pastina) 등이 있으며 색깔, 크기에 따라 다양한 이름의 파스타가 존재한다. 일반적으로 건조 파스타는 달걀을 넣지 않고 세몰라와 물로 반죽하여 만들지만 생파스타는 달걀을 넣어 만든다(pasta all'uovo). 달걀이 들어간 생파스타는 부드럽고 크림이나 버터 소스가 잘 어울리며 이탈리아 북부에서 많이 이용한다. 반면 달걀을 넣지 않은 파스타는 생파스타에 비해 질긴 질감을 가지고 있고 토마토나 올리브오일로 만든 소스와 함께 제공되며 이탈리아 남부에서 많이 이용한다. 속을 채운 파스타(stuffed shapes)에는 라비올리(ravioli)나 토텔리니(tortellini) 등이 있는데 속(filling)재료로는 육류, 채소, 치즈 등 다양한 재료를 사용한다.

파스타는 모양이나 브랜드, 저장 상태에 따라 조리시간이 달라질 수 있으므로 수많은 종류의 파스타를 알맞게 사용하려면 종류별로 조리 조건 및 메뉴와 레시피를 고려하여 신중히 선택해야 한다. 특히 사용해 보지 않은 새로운 모양의 건조 파스타를 이용할 때는 포장에 적힌 조리 방법에 따라 조리해야 실패가 없다. 또한 파스타를 익히는 냄비는 밑면 지름보다 높이가 높은 것을 택해야 익은 파스타가 끊기지 않고 건지기에 용이하다. 이탈리아에서는 잘 익은 파스타를 '알 덴테(al dente)'라고 하는데, 이는 면을 씹었을 때 가운데 심이 완전히 익지 않고 씹히는 정도의 탄력 있는 상태를 의미한다. 특히 생파스타는 건조 파스타에 비해 상대적으로 빨리 익기 때문에 자칫 오래 조리하면 너무 많이 익어 식감이 좋지 않게 된다. 따라서 생파스타를 익힐 때는 조리시간에 유의하여 너무 많이 익지 않도록 주의해야 한다. 파스타를 조리할 때는 삶은 뒤 찬물에 헹구지 않고 그대로 물기를 뺀 후 바로 사용하거나 뜨거울 때 서로 달라붙지 않도록 버터나 기름에 버무려 놓는다.

조리 후 생파스타는 즉시 서빙하는 것이 좋다. 건조 파스타는 차게 식혀 냉장고에 보관해 두었다가 추후에 이용해도 무방한데, 이때는 파스타를 익힌 후 찬물에 헹구고 기름을 조금 넣어 면을 코팅하여 보관하는 동안 서로 달라붙지 않게 하는 것이 좋다. 냉장해 놓았던 파스타를 재가열할 때는 파스타가 잠기도록 물을 붓고 소금을 조금 넣은 후 파스타의 굵기를 고려하여 뜨거워질 때까지 뭉근하게 끓인다(simmering). 라자냐, 마니코티(manicotti) 등 오븐용 메뉴에 사용되는 큰 모양의 파스타는 미리 익혀 냉동 보관해 놓았다가 오븐 조리 전 실온에 해동하면 시간도 절약하고 더 좋은 조리 결과를 낼 수 있다.

파스타에 이용하는 소스는 달걀 첨가 여부에 따라, 또는 모양에 따라 다양하게 사용한다. 가늘고 긴 파스타(예: 페델리니, 스파게티)에는 가벼운 소스가 어울리며 페투치니처럼 길거나 납작한 파스타에는 크림 소스나 채소 쿨리스*, 또는 버터와 치즈를 혼합한 소스 등을 이용하는 것이 좋다. 원통 모양의 파스타(예: 마카로니, 지티, 푸실리) 등은 미트 소스처럼 좀 더 걸쭉하고 농후하며 씹히는 재료가 들어 있는 소스가 잘 어울린다. 파스타의 모양뿐만 아



* 채소 쿨리스(coulis): 걸쭉한 퓌레나 소스를 지칭하는 일반적인 용어

**파스타 종류별 조리 전후 무게 및 양**

| 파스타 종류 | | 조리 전 | 조리 후 |
|---|---|---|---|
| 롱파스타 | 페투치니 | 250g | 4C |
| | 링귀니 | 250g | 3¾C |
| | 스파게티 | 250g | 3½C |
| | 버미첼리 | 250g | 3½C |
| 쇼트파스타 | 파르팔레 | 250g | 4⅓C |
| | 푸실리 | 250g | 4½C |
| | 마카로니 | 250g | 4C |
| | 펜네 | 250g | 4C |

니라 향 또한 소스를 선택하는 중요한 기준이 된다. 향이 많이 살아 있는 생파스타는 오일, 크림, 또는 버터를 기본으로 하는 가벼운 소스를 사용해야 그 향을 살릴 수 있다. 반면 건조 파스타에는 고기나 채소가 많이 들어간 기름지고 걸쭉한 소스가 잘 어울린다. 속을 채운 파스타는 가벼운 소스를 곁들여야 파스타 속재료의 풍미를 잘 느끼게 할 수 있다. 이와 같이 파스타는 크림 소스나 토마토 소스를 기본으로 한 여러 가지 소스와 함께 먹는 것이 일반적이지만, 속을 채워 오븐에 굽거나 신선한 채소들과 섞어 만든 차가운 샐러드요리에도 좋은 재료가 된다.

이탈리아에서 파스타는 보통 점심이나 저녁 정찬*의 안티파스토(antipasto) 뒤에 나오는 첫 번째 코스인 프리모 피아토(primo piatto)에 많이 이용되는데 정찬이 아닌 경우 파스타



* 이탈리아의 저녁 정찬: aperitivo(식전요리, 식전주) → antipasto(전채요리) → primo piatto(파스타, 리소트, 피자 등) → secondo piatto(생선요리, 고기요리) → Formaggio(치즈) → dolce(디저트: 아이스크림, 과일, 티라미수) → pasticceria(단과자류) → Liguore(식후주) 또는 caffe(커피, 에스프레소)

를 메인요리로도 활용한다. 파스타를 정찬의 한 코스로 제공할 경우, 1인분의 양은 조리되지 않은 상태로 2½~3½oz(70~100g)가 적당하고, 메인요리일 경우에는 4~6oz(110~170g)가 적당하며 샐러드와 함께 제공하면 훌륭한 한 끼 식사가 될 수 있다.

## 다양한 파스타의 종류

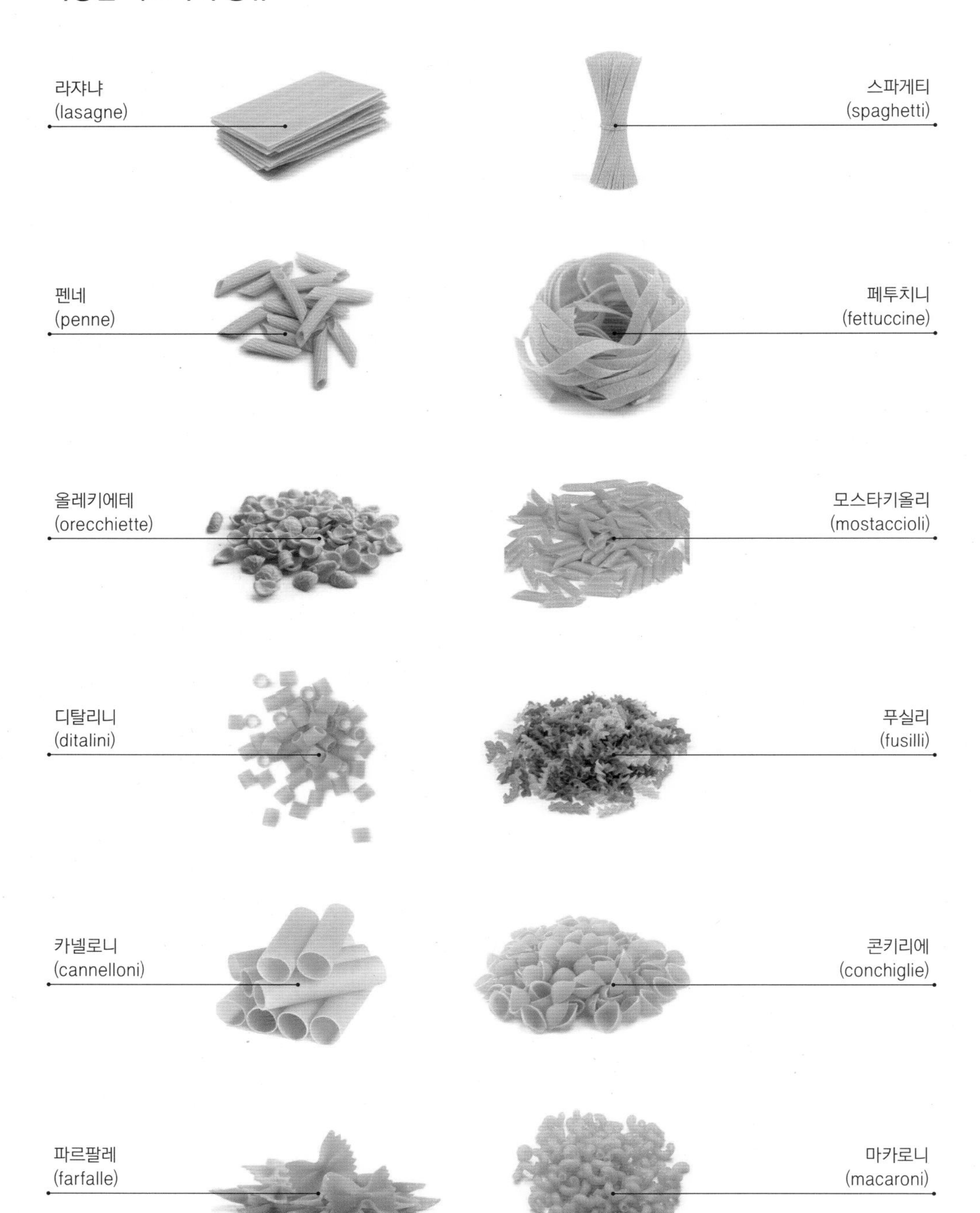

라쟈냐
(lasagne)
스파게티
(spaghetti)
펜네
(penne)
페투치니
(fettuccine)
올레키에테
(orecchiette)
모스타키올리
(mostaccioli)
디탈리니
(ditalini)
푸실리
(fusilli)
카넬로니
(cannelloni)
콘키리에
(conchiglie)
파르팔레
(farfalle)
마카로니
(macaroni)

*Aglio e olio Pasta*

# 알리오 올리오 파스타

### 재료 및 분량 |3~4인분|

스파게티 150g, 마늘 5톨,
페페론치노(Peperoncino) 2개, 올리브오일 3T,
파스타 삶은 물 ⅔C, 파마산 치즈가루 15g,
소금·후추 약간, 파슬리(다진 것) 2t

### 만드는 법

1 큰 냄비에 물 1.5L를 넣고 끓으면 소금 1½T을 넣은 후 페델리니를 넣고 3분 정도 삶는다.
2 마늘은 슬라이스하고 페페론치노는 손으로 잘게 부수어 놓는다.
3 달군 팬에 올리브오일을 두르고 **2**의 슬라이스한 마늘을 약한 불에서 노릇해질 때까지 볶다가, 페페론치노를 넣고 매운 향이 나도록 볶는다.
4 **3**에 파스타 삶은 물을 넣고 끓으면, **1**에서 삶아 놓은 페델리니를 넣고 볶다가 파마산 치즈가루와 소금·후추로 간한다.
5 완성된 파스타를 접시에 담고, 다진 파슬리를 뿌려 낸다.

**TIP**

- 스파게티는 가늘고 긴 파스타의 일종으로 'spaghetti'라는 말은 '줄'을 뜻하는 이탈리아어 'spago'에 작은 개념을 이르는 지소사가 붙은 'spaghetto'의 복수형으로 '작은 줄들'이라는 의미를 갖고 있다. 서양조리에 쓰이는 스파게티는 굵기에 따라 조금씩 다른 명칭을 가지며 대표적인 예는 다음과 같다.
  - 스파게토니(spaghettoni): 2mm
  - 스파게티니(spaghettini): 1.6mm
  - 페델리니(fedelini): 1.3~1.5mm
  - 카펠리니(capellini) 또는 베르미첼리(vermicelli): 1.2mm 미만
- 스파게티를 알 덴테(al dente)로 삶을 때는 삶는 스파게티 무게의 10배 정도 되는 물을 냄비에 붓고 끓인 후, 물 분량의 1% 정도 되는 소금을 넣고 면을 넣어 스파게티 가운데 약간의 심이 있을 정도로 만들면 된다.

*Basil Pesto Pasta*

# 바질 페스토 파스타

재료 및 분량 | **3~4인분** |

스파게티 150g, 중새우 6마리, 감자 ½개,
줄기콩 40g, 양파(다진 것) 30g, 방울토마토 6개,
화이트와인 3T, 올리브오일 2T,
파마산 치즈가루 약간

**바질 페스토**

올리브오일 80mL, 바질잎 50g, 잣 20g,
마늘 2톨, 파마산 치즈가루 10g, 엔초비 필레 1쪽,
소금·후추 약간

① 바질은 잎만 떼서 씻은 뒤 물기를 제거한다.
② 잣은 마른 팬에 노릇하게 볶아 놓는다.
③ 블랜더에 바질잎, 볶은 잣, 나머지 재료를 모두 넣고 갈아 놓는다.

만드는 법

1 새우는 머리를 떼어 내고 껍질과 내장을 제거한다.
2 감자는 껍질을 벗기고 2cm 크기의 큐브 형태로 잘라 끓는 물에 소금 넣고 데쳐 놓는다.
3 줄기콩은 끓는 물에 소금을 넣고 데친 후, 길이 3~4cm로 자른다.
4 양파는 다지고 방울토마토는 2등분한다.
5 팬에 올리브오일을 두르고 다진 양파를 넣고 볶다가 **1**의 새우, **2**의 감자, **3**의 줄기콩을 넣고 색이 선명해질 때까지 볶은 후, 화이트와인을 넣고 더 볶는다.
6 **5**에 삶은 스파게티와 바질 페스토, 방울토마토를 넣고 고루 섞은 후 불을 끈다.
7 접시에 완성된 **6**의 파스타를 담고 파마산 치즈가루를 뿌려 낸다.

*Capellini con Le Vongole*

# 봉골레 파스타

## 재료 및 분량 | 3~4인분 |

모시조개 600g, 카펠리니 250g, 마늘 3톨,
올리브오일 3~4T, 화이트와인 3T,
느타리버섯 100g, 청양고추 1개, 페페론치노 3개,
소금·후추 약간, 파슬리(다진 것) 2t

## 만드는 법

1. 조개는 해감시켜 깨끗하게 손질해 놓는다.
2. 냄비에 올리브오일 1T을 두르고 마늘 1톨을 얇게 슬라이스해서 넣고 볶다가 **1**의 조개와 화이트와인을 넣은 후, 센 불에서 뚜껑을 덮고 조개의 입이 벌어질 때까지 익힌다.
3. **2**의 입이 벌어진 조개를 건져 놓고 국물은 잘 따라 놓는다.
4. 느타리버섯은 가늘게 찢고 청·홍고추는 다진다.
5. 팬에 나머지 올리브오일 2~3T을 두르고 마늘 2톨 다진 것을 넣고 볶다가 **4**의 느타리버섯과 청·홍고추 다진 것을 넣고 볶는다.
6. **5**에 **3**의 조개 국물을 넣고 2분 정도 끓인다.
7. 삶은 카펠리니를 **6**에 넣고 버무린 후, 조개와 파슬리를 곁들여 낸다.

**TIP**

- 파스타면이 넓다면 크림 소스, 중간 정도라면 토마토 소스, 가는 경우라면 올리브오일에 마늘 및 고추 정도만 섞어서 이용한 가벼운 소스가 어울린다.

*Penne with Curry Sauce*

# 카레 소스 펜네

재료 및 분량 | **3~4인분** |

펜네 150g, 양파(다진 것) 1½개, 셀러리(다진 것) ½줄기, 너트메그 ¼t, 카레가루 2T, 치킨 스톡 1C, 월계수잎 1장, 생크림 ½C, 버터, 올리브오일 2T씩, 소금·후추 약간, 브로콜리 100g, 올리브오일(브로콜리 볶음용), 닭가슴살 100g, 밀가루 ¼C, 식용유(튀김용)
**닭가슴살 양념** 소금, 후추, 파프리카, 화이트와인 적당량

| 튀김옷 반죽 |
| --- |
| 밀가루 3T, 달걀 2T, 우유 2~3T |
| 밀가루에 달걀 푼 것과 우유를 넣고 잘 섞는다. |

| 튀김옷 가루 |
| --- |
| 빵가루 70g, 콘플레이크 30g |
| 빵가루와 잘게 부순 콘플레이크를 섞는다. |

## 만드는 법

1 팬에 버터를 녹이고 올리브오일을 두른 후, 양파 다진 것을 넣고 중불에서 3~4분 정도 볶다가 셀러리 다진 것, 너트메그, 카레가루를 넣고 약한 불에서 볶는다.
2 1에 치킨 스톡과 월계수잎을 넣고 5분 정도 끓이다가 생크림을 넣고 잠시 더 끓인 후, 소금·후추로 간한다.
3 브로콜리는 한입 크기로 잘라 씻은 다음, 끓는 소금물에 넣어 2분 정도 데치고 찬물에 씻어서 건진 후, 팬에 올리브오일을 두르고 볶다가 소금·후추로 간한다.
4 닭가슴살은 긴 막대 모양(1×1×5cm)으로 잘라 양념하여 밀가루를 입힌 후, 튀김옷 반죽을 묻히고 튀김옷가루를 겉에 입혀서 170℃ 기름에서 튀긴다.
5 펜네는 삶아서 체에 건진 후, **2**의 소스에 버무려서 그릇에 담고, **3**의 브로콜리와 **4**의 튀긴 닭고기를 얹는다.

**TIP**

- 빵가루에 콘플레이크를 섞으면 튀김이 훨씬 바삭해진다. 하지만 튀길 때 색이 빨리 나오므로 너무 높은 온도에서 튀기지 않도록 한다.
- 크림 소스가 너무 되직할 때는 파스타 삶은 국물을 섞어 농도를 조절한다.

*Lasagna*

# 라자냐

## 재료 및 분량 | 3~4인분 |

라자냐 6장, 마늘(다진 것) 1T, 양파(다진 것) ⅓개, 당근(다진 것) ¼개, 셀러리(다진 것) ½줄기, 버터 1T, 올리브오일 2T, 쇠고기(간 것) 120g, 월계수잎 1장, 바질·소금·후추·너트메그 약간씩, 레드와인 ⅓C, 토마토 소스 400g, 수프 스톡 1C, 양송이 버섯 80g(optional), 버터 1t, 파마산 치즈가루 1C, 모차렐라 치즈(shredded) 150g, 파슬리(다진 것) 약간

**베샤멜 소스**

버터 3T, 밀가루 3T, 우유 2C, 너트메그·소금·후추 약간

팬에 버터를 녹인 후 밀가루를 넣고 볶다가 우유를 조금씩 넣어 가며 저어 주고 너트메그, 소금·후추로 간한다.

## 만드는 법

1 냄비에 올리브오일과 버터를 녹이고 마늘 다진 것을 먼저 볶다가 양파 다진 것을 넣고 투명해질 때까지 볶은 후, 당근과 셀러리 다진 것을 넣고 함께 볶는다.

2 **1**에 간 쇠고기와 월계수잎, 바질, 소금, 후추, 너트메그를 넣고 볶다가 쇠고기가 익어 갈색이 되면 레드와인을 넣고 알콜을 증발시킨 다음, 토마토소스와 수프 스톡을 넣고 약한 불에 45분 정도 끓인다.

3 프라이팬에 올리브오일을 약간 두르고, 얇게 슬라이스한 양송이버섯을 넣어 수분이 없어질 때까지 볶은 뒤 **2**의 소스와 섞는다.

4 라자냐는 소금과 올리브오일을 약간 첨가한 끓는 물에 넣어 서로 붙지 않게 삶아서 체에 한 장씩 펴서 놓는다(삶지 않고 사용할 수 있는 미리 조리된 제품을 이용하면 편리하다).

5 오븐 용기에 버터를 바르고 베샤멜 소스를 깐 다음, 라자냐를 한 장씩 펴서 놓고 '**3**의 소스 → 파마산 치즈가루 → 베샤멜 소스 → 모차렐라 치즈' 순으로 반복하여 쌓는다. 맨 윗부분에 모차렐라 치즈를 얹고 파슬리 굵게 다진 것을 뿌려서 190℃ 오븐에 치즈가 녹아 갈색이 나올 때까지 25분 정도 구워 낸다.

# 5 채소와 곡물요리

## 1) 채소요리

현대의 서양요리에서 채소와 곡물요리가 차지하는 비중은 점점 커지고 있다. 건강한 식생활이 가장 큰 이유겠지만 종교적 제한, 환경·자원 보호, 동물 복지 등의 이유로 채식을 선호하는 사람이 늘면서 채소와 곡물요리에 대한 관심과 개발이 더욱 활발해지고 있다. 가공 방법도 발전하여 생채소뿐만 아니라 통조림, 냉동 채소 등 다양한 가공 형태의 채소가 이용되고 있다.

서양요리에서 채소요리는 크게 두 가지 형태로 조리된다. 첫 번째는 샐러드와 같이 프레시(fresh)한 상태로 차갑게 만들어 내는 요리이고, 두 번째는 채소를 익혀 만드는 요리로 모두 정찬의 주요리와 함께 곁들여 제공되는 것이 일반적이다.

채소요리는 식감과 향이 중요하기 때문에 신선한 재료를 사용해야 한다. 따라서 채소를 구입할 때는 색깔이 선명하고 시들어 보이지 않는 것을 골라야 하며, 멍이 들었거나 물렁거리는 것은 피해야 한다. 신선한 채소를 구입했다 하더라도 잘못된 채소 손질이나 보관이 실패한 채소요리의 주요 원인이 된다. 그러므로 다음과 같은 점에 주의하여 채소를 보관·손질해야 한다.



- 채소는 되도록 흐르는 물에 씻어 수용성 비타민이 손실되지 않게 하는 것이 좋지만, 잔류 농약이 의심되거나 기생충이 붙어 있기 쉬운 채소는 조리 전 잠시 물에 담가 놓는 것이 좋다. 예를 들어 양배추, 브로콜리, 콜리플라워 등 기생충이 붙어 있기 쉬운 채소는 조리

전에 30분 정도 물에 담가 놓는 것이 좋다. 엽채류는 흙과 가까이 있는 잎을 따서 생으로 사용하는 경우가 많기 때문에 물에 5분 정도 담갔다가 흐르는 물에 30초 정도 헹군 후 섭취하는 것이 좋다.

- 이미 숙성된 채소를 구입했다면 실온 보관보다는 냉장 상태로 보관해야 효소 작용이 억제되어 비타민 등 영양소의 손실을 막고 수분 증발로 인한 식감 저하, 색감 저하 등을 방지할 수 있다. 냉장 보관 시에는 비닐봉지에 넣어 수분이 유지될 수 있도록 해 주고 채소의 호흡을 위해 구멍을 뚫어 주면 좋다. 그러나 전분질이 많은 감자는 냉장 보관 시 전분이 당으로 전환되어 물러질 수 있으므로 15℃ 정도의 서늘한 곳에 보관하는 것이 좋다.
- 샐러드와 같이 익히지 않고 먹는 채소는 서빙 직전에 스테인리스 스틸로 된 용기나 주방기구를 이용하여 조리하는 것이 좋으며 식초나 감귤류 주스 등 산(acid) 성분이 포함된 드레싱(dressing)은 샐러드를 먹기 직전에 첨가한다.
- 채소를 익혀서 요리에 사용하는 경우, 채소의 크기를 너무 작게 하거나 다져서 익히게 되면 비타민·무기질 및 향기성분의 손실이 크다는 점을 고려하여 되도록 크게 썰어 익히는 것이 좋고, 일정한 크기로 썰어야 조리 시 골고루 익는다.
- 채소를 자를 때는 잘 갈아 놓은 칼을 사용한다. 날이 무뎌진 칼로 썰 경우 채소에 멍이 들어 영양소가 많이 손실된다. 특히 잎채소는 비타민 C 파괴가 빠르게 초래되므로 잘 드는 칼을 준비해 놓는 것도 채소 손질의 기본이다.

채소요리 중 익히는 것을 주 조리법으로 사용하는 목적은 채소의 섬유질 연화, 전분의 호화, 생채소에 포함된 유해물질의 중성화, 변색 방지 등이 있다. 서양조리에서 많이 쓰이는 조리법은 찌기(steaming), 볶기(stir-frying, sauteing), 로스팅(roasting), 삶기(boiling)이다. 채소요리의 조리 시 고려해야 할 점은 영양가 유지와 채소가 가진 특징(질감, 향, 색깔)을 최대한 살리는 것이다. 이와 같은 점을 고려할 때 채소는 되도록 빠른 시간 내에 조리해야 한다. 너무 오래 익히면 영양소의 손실은 물론 탈색되거나 질감이 나빠질 수 있다.

채소는 가지고 있는 색깔에 따라 조리 시 변화에 다소 차이가 있다. 예를 들어 녹색잎 채소나 적색 채소는 변색이 빨리 되는 반면, 황색 채소는 오래 가열하거나 산을 첨가해도 변색이 잘되지 않는다. 흰색 채소는 산을 첨가하면 색이 더욱 선명해지지만 알칼리 성분과 닿으면 노란색이나 갈색으로 변하며 철이나 알루미늄에 의해서 갈변화·녹변화·황변화 등이 일어난다. 따라서 흰색 채소를 조리할 때는 스테인리스 스틸 제품이나 유리 제품을 쓰는 것이 좋다.

채소요리에 많이 쓰이는 조리 방법과 특징은 다음과 같다.

- **데치기와 삶기(blanching & boiling)** 일반적으로 녹색 채소를 데칠 때는 충분한 양의 끓는 물에 소금을 넣고 뚜껑을 연 채 채소를 데친다. 데쳐 낸 직후에는 바로 찬물에 헹궈야 색이 누렇게 변하는 것을 방지할 수 있다. 그 외 채소를 삶을 때는 되도록 소량의 물로 삶아야 수용성 비타민의 손실을 막을 수 있다. 채소를 삶아 낸 물에는 채소의 영양 성분이나 맛 성분이 함유되어 있어 수프나 소스를 만들 때 이용할 수 있다. 물이 끓어 오르면 채소를 넣고, 다시 끓을 때 불을 줄여서 채소가 익을 때까지 뭉근하게 끓인다(simmering). 이러한 방법으로 채소가 익는 시간을 다소 단축시킬 수 있으며 색깔과 향기를 보유하는 데 도움을 줄 수 있다.
- **찌기(steaming)** 찌기는 끓이는 방법과 비교했을 때, 채소의 영양이나 향을 유지하는 데 더욱 효과적인 방법이다. 특히 높은 온도에서 단시간 내에 조리할 수 있는 압력냄비(pressure cooker)를 이용하면 채소를 찌기에 더욱 용이하다. 찌기는 대부분의 채소 조리에 이용 가능하며 브로콜리, 콜리플라워, 아스파라거스 등 익혔을 때 잘 부서지는 채소 조리에 적절하다. 찌기를 이용하여 조리할 때는 수증기가 새어 나가지 못하도록 냄비에 꼭 맞는 뚜껑을 사용해야 하고 뚜껑이 잘 맞지 않거나 온도가 너무 높을 때는 물을 좀 더 첨가해 주어야 한다. 조리 시간은 삶기를 할 때보다 약간 길어질 수 있으나 압력냄비를 사용할 경우에는 끓는점보다 높은 온도에서 익기 때문에 단시간에 조리가 이루어지므로 조리 시간에 유의하도록 한다.
- **스튜잉(stewing)** 채소를 일정한 크기로 썰어 기름이나 버터에 살짝 볶아 재료의 표면이 갈색으로 되면 물이나 와인, 토마토 소스 등 액체를 첨가하여 약한 불로 채소를 부드럽게 익히는 방법이다. 스튜잉은 호박(squash), 버섯, 토마토, 양파, 샬롯(shallot) 등의 조리에 알맞다. 스튜잉한 채소는 향이 짙고 농도가 걸쭉해진 부드러운 그레이비의 형태가 된다.
- **브레이징(braising)** 아티초크(artichoke), 양배추, 셀러리 등 질긴 채소를 부드럽게 만드

는 데 효과적인 조리 방법이다. 스튜잉과 마찬가지로 채소를 볶은 후 뚜껑을 덮어 약한 불에 오랫동안 조리하는 슬로우 쿠킹의 한 방법이지만, 재료 자체의 수분을 이용하거나 아주 소량의 액체를 사용한다는 점과 재료를 작은 크기로 자르기보다는 크게 자르거나 통째로 조리한다는 점에서 스튜잉과 차이가 있다. 이때 채소만을 이용하기도 하지만 육류와 같이 조리할 때 더 많이 사용한다.

- **베이킹(baking), 그릴링(grilling), 로스팅(roasting)** 건열조리의 주요 방법으로 채소의 풍미를 증가시켜 주는 조리 방법이다. 건열 조리 시 채소의 껍질을 벗기지 않은 채 요리하면 영양가의 손실이 적으며 표면이 마르지 않기 때문에 채소의 맛을 더욱 좋게 해 주지만 감자나 가지를 통째로 구울 때는 압력으로 인해서 표면이 터질 수도 있기 때문에 굽기 전에 칼집을 내는 것이 좋다. 로스팅(roasting)은 감자와 같은 뿌리채소뿐만 아니라 토마토나 호박을 익히기에 적당한 조리법이다. 로스팅을 하는 동안에는 향이 증가하고 채소가 함유한 천연 당성분이 캐러멜화되어 재료 표면을 코팅하는 효과가 있기 때문에 식감이 더욱 바삭해진다. 채소를 그릴링(grilling)할 경우에는 되도록이면 불에 많이 닿을 수 있도록 자르는 것이 좋다.
- **볶음(stir-frying/sauteing)** 채소를 높은 온도에서 적은 양의 기름에 단시간 볶아 내는 방법으로 영양가나 맛의 손실이 적은 조리법이다. 이 조리법은 다양한 채소를 이용할 수 있으며 특히 콜리플라워·브로콜리·당근 조리에 알맞다. 여러 가지 채소를 한 번에 볶을 때는 채소의 단단한 정도에 따라 익는 시간이 다르기 때문에 오래 걸리는 것부터 순서대로 볶는 것이 좋다. 스터프라잉(Stir-frying)으로 채소를 볶을 때는 높고 밑이 둥근 웍(wok, round-bottomed pan)을 많이 사용하며 소테(saute)를 할 때는 높이가 낮은 팬을 사용한다. 두 방법 모두 채소를 균등한 크기로 잘라 준비해 놓고 재료를 넣기 전에 팬에 기름을 둘러 코팅하고 약간 가열한 후(shimmering) 조리를 시작한다.
- **튀김(deep-frying)** 튀김 조리 시 채소는 물기를 완전히 없애거나 튀김옷을 입혀 튀겨 내야 한다. 채소의 튀김옷으로 사용할 수 있는 것은 밀가루·밀가루 혼합물·달걀·빵가루 등이며 튀김옷의 사용은 채소의 수분을 유지시켜서 요리가 빨리 건조해지는 것을 방지해 주는 이점이 있다. 튀김용 기름으로는 발연점이 높아 쉽게 타거나 눌어붙지 않는 콩기름·카놀라유·포도씨유·해바라기씨유 등이 적당하며 단단한 채소는 살짝 삶아서 이용하면

튀기는 시간을 단축할 수 있다.

- **마이크로웨이브 쿠킹(microwave cooking)** 전자레인지를 이용하여 채소를 조리하면 다른 조리 방법에 비해 채소의 색이나 향기를 월등하게 보존시켜 준다. 채소는 수분 함량이 높아 전자레인지에서 다른 식재료에 비해 빠르게 조리되는데 좋은 결과를 얻기 위해서는 신선한 채소를 사용하는 것이 중요하다.
- **피클링(pickling)** 피클은 채소의 식감을 최대한 살리면서도 장기간 보관할 수 있는 조리 방법이다. 피클링은 좋은 품질의 채소를 선택하는 것이 가장 중요하며 오일 피클링(oil picking)과 비네거 피클링(vinegar pickling)이 많이 사용된다. 비네거 피클링은 채소를 소금에 절여(brining) 일단 수분 함량을 낮춘 후 다시 설탕, 소금, 식초가 적절한 비율로 이루어진 절임용액을 채워 넣어 완성한다. 절임(brining) 과정에서는 물과 소금을 600mL : 50g 정도로 사용하거나 채소 450g에 1Tsp의 소금을 사용한다. 이때 사용하는 소금은 천일염이 적절하다. 식초의 경우, 동양의 초절임 음식에는 곡물식초를 많이 이용하는 반면 서양에서는 화이트와인 식초(white wine vinegar)나 증류맥아 식초(distilled malt vinegar), 사과 식초(cider vinegar)를 많이 사용한다. 피클링에 적합한 채소는 오이 이외에도 콜리플라워나 양배추 등이 있고, 전분 성분이 들어 있거나 얇은 잎채소를 제외한 채소류 대부분이 피클 재료로 이용될 수 있다. 완성된 피클은 냉장고에 보관하며 발효가 필요한 피클은 시원하고 어두운 장소에 보관한다.

## 잎을 사용하는 채소(leaf vegetables)

로메인 레터스
(romaine lettuce)

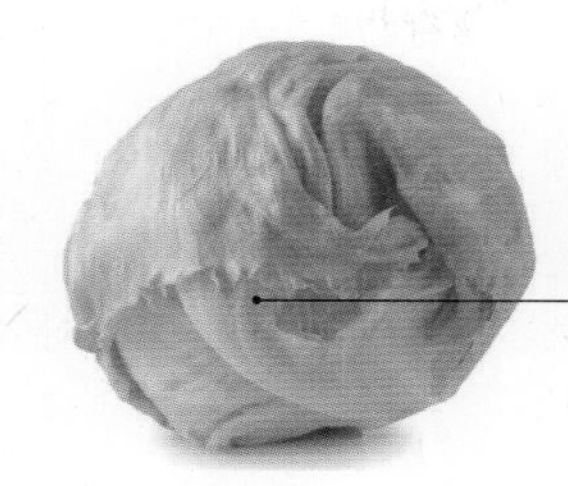

양상추
(iceberg lettuce)

워터크래스
(watercress)

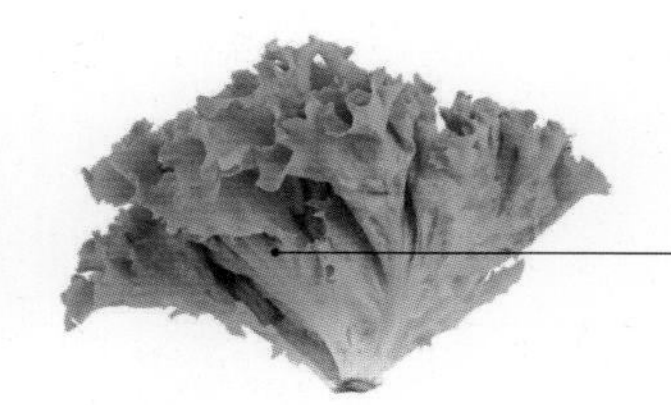

상추
(lettuce)

차드
(chard)

시금치
(spinach)

래디치오
(radicchio)

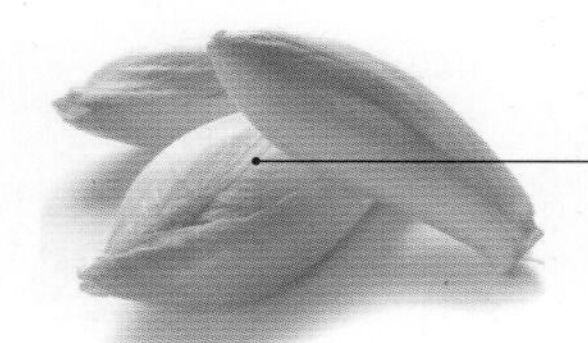

엔다이브
(endive)

## 줄기를 사용하는 채소(stalk vegetables)

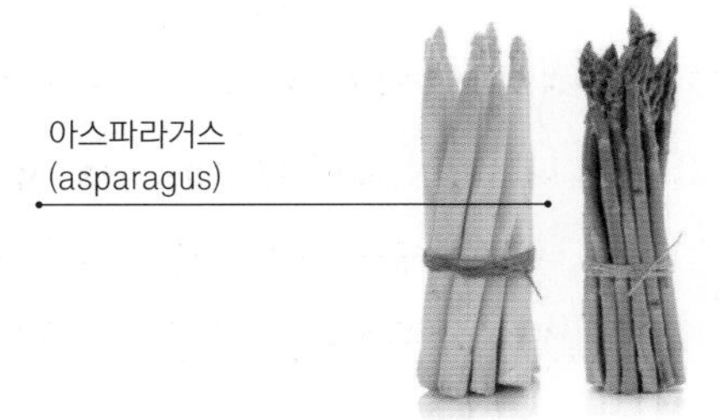
아스파라거스
(asparagus)

펜넬
(fennel)

셀러리
(celery)

차이니스 셀러리
(celery)

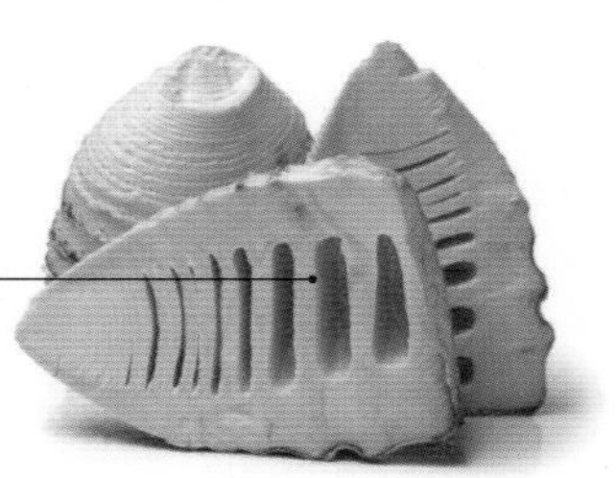
죽순
(bamboo shoots)

루바브
(rhubarb)

## 열매를 사용하는 채소(fruit vegetables)

## 꽃을 사용하는 채소(inflorescent vegetables)

아티초크
(artichoke)

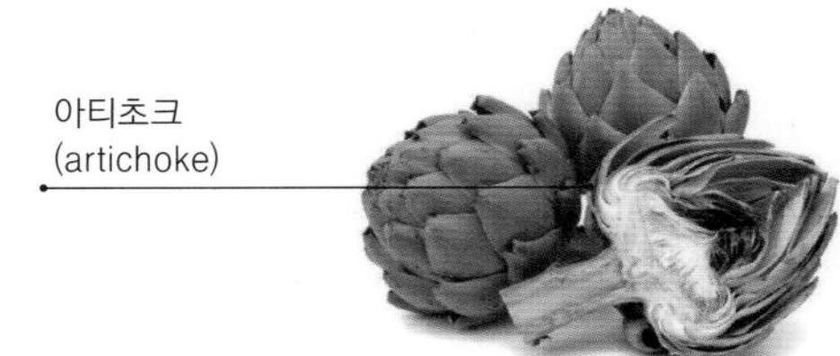

브뤼셀 스프라우트
(brussels sprouts)

콜리플라워
(cauliflower)

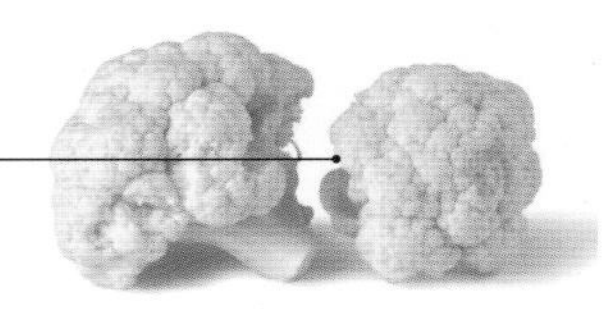

브로콜리
(broccoli)

## 뿌리를 사용하는 채소(root vegetables)

비트
(beets)

래디시
(red radishes)

당근
(carrot)

순무
(turnip)

## 덩이줄기를 사용하는 채소(tuber vegetables, 괴경작물)

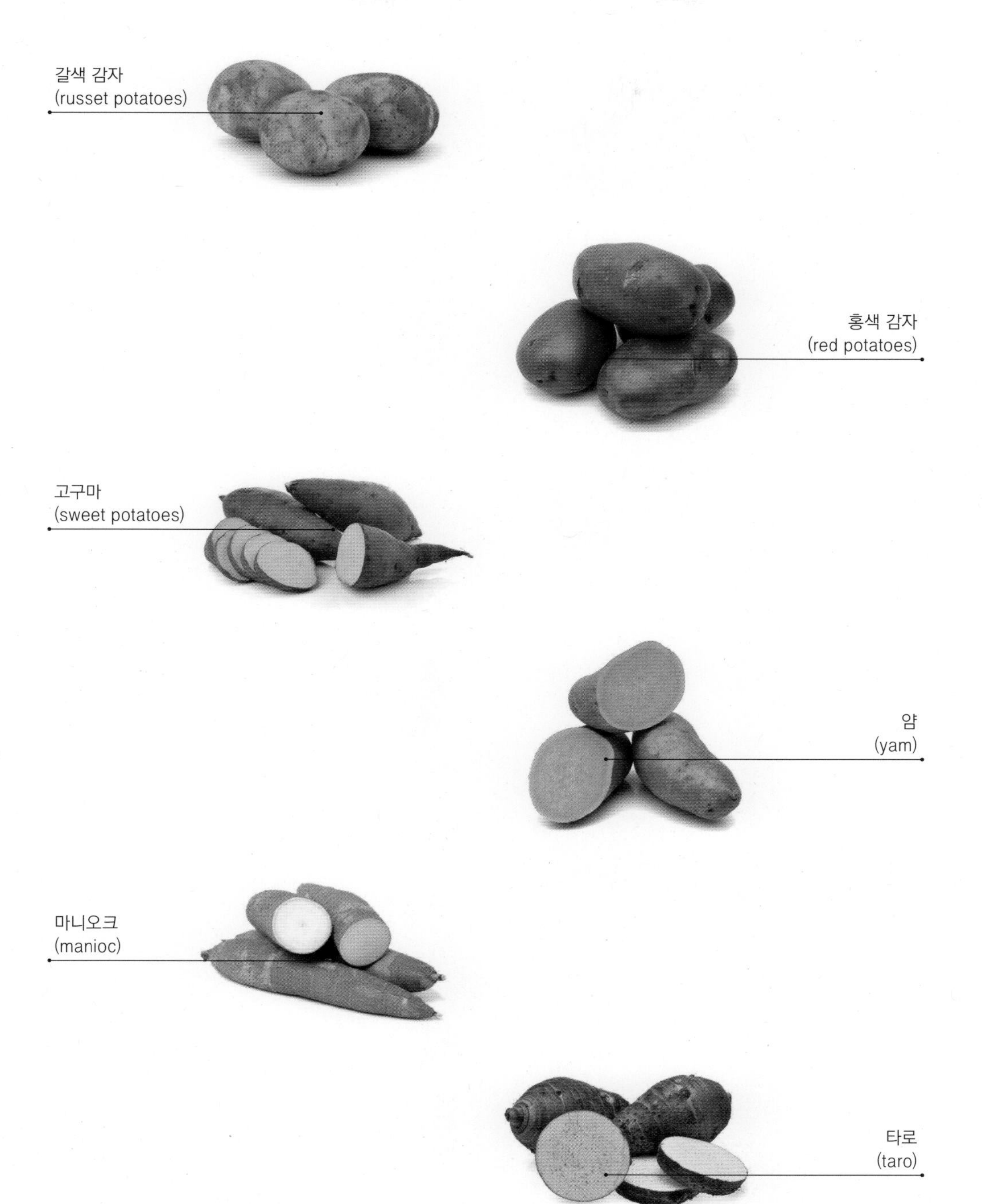

## 알뿌리 채소(bulb vegetables)

## 2) 곡물 및 콩요리

### (1) 곡물

서양요리에서 많이 활용되는 곡류(cereal 또는 grains)에는 대표적으로 밀과 쌀이 있다. 이외에도 옥수수(corn), 보리(barley), 귀리(oats), 아마란스(amaranth), 메밀(buckwheat). 호밀(rye), 퀴노아(quinoa) 등이 이용된다.

곡물을 이용한 서양음식 요리의 분류 방법은 여러 가지이겠지만 보통 통곡물(whole grains)을 이용한 요리, 가루를 내어 만드는 빵류(breads)나 국수류(pasta, noodles), 플레이크(flake)를 이용한 시리얼(breakfast cereals) 등으로 나눌 수 있으며 이는 주요리, 샐러드, 수프, 사이드 디시, 후식과 스낵 등으로 다양하게 활용된다. 서양요리에 많이 활용되는 주요 곡물은 다음과 같다.

- **옥수수(corn)** 아메리카가 발상지로 아즈텍, 마야, 미국 원주민의 식사에 중요한 위치를 차지한 곡물이며 통곡이나 가루를 내어 포리지(porridge)나 폴렌타(polenta) 요리, 브레드 등에 사용한다. 국물이 있는 음식을 걸쭉한 농도로 만들고 싶을 때 활용하기 적합하다.
- **아마란스(amaranth)** 고대 아즈텍 문명 시대부터 이용된 농작물로 알려져 있고 멕시코나 페루 음식 재료로 많이 쓰이며, 포리지(porridge) 또는 폴렌타(polenta)의 형태로 많이 이용된다. 옥수수와 마찬가지로 스튜 등 국물이 있는 음식에 농도를 줄 때 활용하기 적합하나 샐러드나 필라프의 재료로는 적합하지 않다.
- **보리(barley)** 지구상에 존재하는 오래된 곡물 중 하나로 탱글탱글 씹히는 느낌과 고소한 냄새(flavor)로 곡류를 이용한 샐러드·필라프용으로 많이 사용된다. 리조또, 카레, 볶음밥 등 쌀을 이용한 요리에서 쌀의 대체 재료로 활용하기에 알맞다.
- **귀리(oat)** 서늘하고 비가 많이 오는 지역에서 잘 자라는 곡류로 스코틀랜드, 아일랜드, 그 밖의 북유럽에서 많이 이용된다. 현대 서양조리에서는 귀리를 쪄서 납작한 형태로 만들어 통귀리(steel-cut oats), 납작귀리(rolled oats), 인스턴트 귀리(instant oats)의 형태로 많이 이용한다. 통귀리는 아이리시 또는 스코티시 오트라고도 부르며 귀리를 굵게 다진 정도의 입자에 해당된다. 조리 시 쌀 정도의 입자 크기와 쫀득한(chewy) 식감을 느낄 수

있다. 스터핑(stuffing)이 필요한 육류요리나 쌀 요리의 대용품으로 사용될 수 있다.

납작귀리는 old-fashioned, whole oats로 불리며 보통 귀리를 쪄서 부드럽게 만든 다음 압력을 가하여 납작한 형태로 만든 것이다. 통귀리보다는 수분 흡수력이 좋고 가열 시 상대적으로 형태가 잘 유지되며 아침용 핫 시리얼(hot cereal)이나 그래놀라바, 쿠키, 머핀 등의 베이커리용으로 많이 쓰인다. 인스턴트 귀리는 납작귀리의 대용품으로 쓰일 수 있고 조리 시간이 짧아 간편하지만 다른 두 종류의 귀리보다는 식감이 떨어진다.

- **메밀(buckwheat)** 우리나라나 일본에서 가루로 내어 국수의 형태로 많이 이용하는데 서양요리에서는 팬케이크, 페이스트리류 제조 시 풍부하고 강한 곡류의 향을 내고 싶은 경우 밀가루 등과 혼합하여 사용한다. 통곡으로는 아침용 포리지 재료로 많이 이용된다. 특히 통곡으로 이용할 때는 쉽게 부서지고 물러지는 성질이 있어 달걀이나 버터, 기름 등으로 코팅하여 이용하는 것이 좋다.
- **퀴노아(quinoa)** 퀴노아는 남아메리카 페루, 볼리비아, 칠레 등 안데스 지역에서 3000~4000년 전부터 재배되어 이용되어 온 유사곡물류(pseudo-cereal)로 '곡물의 어머니'로 불린다. 퀴노아는 정제된 곡류에 비해 필수 비타민과 미네랄, 섬유소를 풍부히 가지고 있으며 필수 아미노산과 항산화 성분이 풍부히 들어 있어 최근에 들어서 탄수화물을 대체하는 각광받는 건강 곡류로 취급되고 있다. 퀴노아는 샐러드, 그래놀라 바 등 다양한 서양요리에 이용되는 껍질에 사포닌(saponin) 성분이 있어 쓴맛이 나기 때문에 조리에 사용하고자 할 때에는 먼저 물에 세척하여 사포닌을 제거하고 사용하는 것이 좋다.

서양요리의 곡류는 물보다는 우유·육수 등을 첨가하여 익히며 여러 가지 식재료를 함께 넣어 조리하는 경우가 많은데 특히 쌀요리는 동양에서처럼 물만 첨가하여 단순히 흰밥 형태로 익혀 내는 것이 아니라 육류·과일·채소 등과 함께 조리한 일품요리로 많이 이용된다. 대체로 찰기가 없는 품종의 쌀을 활용하며 보통 조리 전 불리지 않고 육수를 넣어 끓이면서 익힌다. 서양요리에서 유명한 쌀요리로는 이탈리아의 리조또(risotto)와 스페인의 빠에야(paella), 미국의 잠발라야(jambalaya), 그 외 여러 나라에서 만드는 필라프(pilaf)가 있다.

- **리조또** 쌀을 많이 생산하는 이탈리아 포(Po)강을 중심으로 한 북부 지역에서 발전된 요

리로 대개 기름이나 버터에 쌀과 채소 등을 볶다가 와인으로 향을 내고 육수를 붓고 익히는 쌀요리로 쌀 외에 첨가되는 부재료에 따라 여러 형태의 리조또를 만들 수 있다. 원래 해산물이 들어간 리조또에는 파마산 치즈를 첨가하지 않으나, 요즘에는 전문 요리사들이 맛과 향을 증진시키기 위해 파마산 치즈를 조금씩 넣기도 한다. 리조또에 적합한 쌀은 적은 양의 물로 조리가 가능한 품종이다. 겉면은 단단하여 수분 함량이 적고 전분 함량이 높은 카르나로리(carnaroli), 아르보리오(arborio) 등이며 쌀의 익힘 정도는 쌀알의 중심이 약간 덜 익은 상태인 알 덴테(al dente)로 조리한다. 완성된 후에는 접시에 담은 쌀이 스르르 흘러내릴 정도의 농도인 알론다(all'onda: '파도가 치듯이'라는 의미) 상태를 잘된 것으로 간주한다. 리조또는 '이탈리아 정찬 코스'의 '프리모 피아토(primo piato)' 단계에서 주로 서빙된다.

- **빠에야** 리조또와 유사한 쌀요리로 천연 색소인 사프란을 넣어 특유의 노란색과 독특한 향을 더한 쌀요리이다. 빠에야에 적합한 쌀은 단립종인 봄바(bomba)나 칼라스파라(calasparra) 등이다. 육류, 해산물, 초리소, 콩 등을 이용한 다양한 빠에야 중에서도 해산물 빠에야가 가장 대표적이다. 해산물 빠에야는 바닥이 넓고 두꺼운 팬인 빠에예라(paellera)에 올리브오일을 뜨겁게 달구고 마늘과 양파·피망을 볶아서 매콤한 향을 퍼뜨린 다음 닭고기·새우·홍합·조개 등을 볶아 쌀을 넣고 육수를 부어 밥을 지어서 그대로 서빙하는 일종의 솥밥이다. 빠에야는 조리할 때 쌀알이 부서지지 않도록 많이 젓지 말아야 하며 리조또와 같은 끈적끈적한 느낌이 없도록 만든다. 완성 후 팬에 눌어붙은 일종의 누룽지인 소카랏(socarrat)을 긁어먹는 재미가 있는 음식이다.
- **잠발라야** 미국 남부 루이지애나 지방의 쌀요리로 그 지역에 정착한 스페인 사람들과 프랑스 사람들에 의해 만들어진 것으로 보인다. 일종의 변형된 빠에야로 미국 남부에서 구할 수 있는 갑각류(조개, 새우, 가재) 등의 해산물과 양파, 셀러리, 피망 등을 이용해 전통 빠에야와는 다른 독특한 맛을 만들어냈으며 가족행사 등 모임에 많이 내는 요리이다.
- **필라프** 라틴아메리카, 중앙아시아, 남아시아, 서아시아 등 다양한 지역에서 볼 수 있는 쌀을 주재료로 한 요리이다. 기본적으로는 쌀과 여러 가지 육류, 채소, 콩을 볶다가 육수를 첨가하여 만드는 음식으로 지역에 따라 조리법에 조금씩 차이가 나기 때문에 다양한 필라프가 존재한다.

## 서양요리에 주로 이용되는 곡류

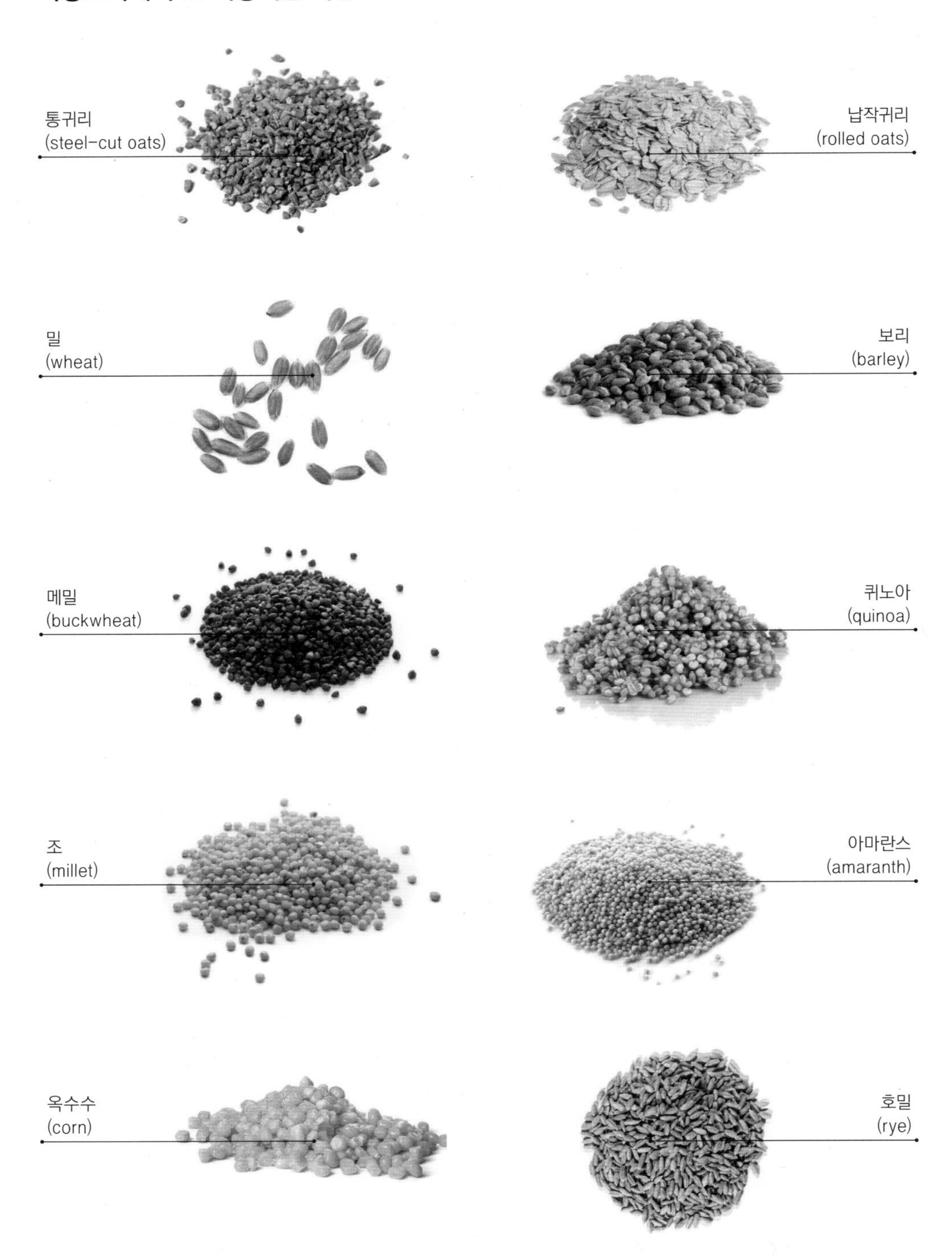

## 서양요리에 주로 이용되는 쌀류

### (2) 콩류

콩류(beans & legumes)는 영양학적 우수성으로 인해 서양요리에서도 권장되는 식재료이다. 대부분의 콩류는 따뜻한 기후에서 잘 자라지만, 완두콩(peas)이나 강낭콩(kidney beans)은 서늘한 온도에서 잘 자란다. 콩은 신선한 형태, 건조된 형태 모두 음식에 많이 활용되며 리마콩(lima bean)이나 대두(soy bean) 등은 덜 여문 형태로도 요리에 쓰인다. 콩은 보통 모양을 살려 요리하거나 익힌 후 퓌레(purée)를 만들어 이용하고 로스팅, 발효, 싹 틔우기 등 여러 가지 형태로 전처리하여 이용하거나 가루로 만들어 사용하기도 한다. 건조시킨 콩이나 땅콩처럼 로스팅한 콩은 그 쓰임새가 다양하여 애피타이저나 스낵, 샐러드, 수프, 주요리 등에 이용한다. 콩류의 가루는 크레이프(crape), 플랫 브레드(flat breads), 각종 케이크, 키쉬(quiches)를 만드는 주요 재료로 사용한다. 아주키빈(Adzuki beans)과 녹두콩(mung beans)은 아시아에서 주로 이용되나 미국 서부에서는 설탕 절임한 잼이나 젤리 형태의 디저트를 만드는 재료가 된다. 콩은 주요리의 중요한 부재료로 많이 사용되고 샐러드나 사이드 디시(side dishes)를 만들 때도 이용된다. 멕시코의 타코(tacos)나 부리토(burritos), 프랑스의 카슐레(cassoulet, 프랑스 랑그독 지방의 음식으로 흰콩과 다양한 고기로 만든 스튜), 브라질의 페이조아다(feijoada, 검은콩과 돼지고기를 넣고 끓인 스튜 형태의 음식) 등이 콩을 주재료로 사용한 여러 나라의 대표음식이다.

*Eggplant Croquette*

# 가지 크로켓

재료 및 분량 |**4~5인분**|

가지 2개, 모차렐라치즈(block) 100g, 햄 50g,
파슬리(다진 것) 1T, 밀가루 ½C, 달걀 2개,
빵가루 1C, 소금 약간, 식용유(튀김용)

만드는 법

**1** 가지는 0.8cm 두께로 썬 후 가운데에 포 뜨는 것처럼 칼집을 넣는다. 칼집 넣는 가지의 끝부분이 붙어 있도록 자르고 소금을 살짝 뿌려 10분 정도 절인 후 가지에 물기가 돌면 마른 행주로 닦아 낸다.
**2** 모차렐라치즈와 햄은 얇게 슬라이스한 후 가지보다 약간 작은 크기로 자른다.
**3** **1**의 가지 사이에 밀가루를 묻힌 후, **2**의 모짜렐라치즈와 햄, 파슬리 다진 것을 넣는다.
**4** **3**의 겉면에 밀가루 → 달걀 → 빵가루 순으로 옷을 입혀 180℃의 식용유에서 갈색이 나도록 튀긴다.

*Ratatouille*

# 라따뚜이

재료 및 분량 | **4~6인분** |

양파 1개, 가지(작은 것) 1개, 호박 1개,
붉은 파프리카 1개, 노란 파프리카 1개, 토마토 2개,
올리브오일 6T, 마늘(다진 것) 1T, 소금·후추 약간

만드는 법

**1** 양파, 가지, 호박, 파프리카, 토마토는 모두 크기 1.5cm의 큐브 모양으로 썬다.
**2** 냄비에 올리브오일을 두르고 마늘 다진 것을 넣고 볶다가 **1**의 채소를 '양파, 가지, 호박, 파프리카, 토마토' 순으로 넣고 볶는다. 소금·후추로 간하고 약한 불에 45분간 타지 않도록 주의하며 익힌다.
**3** 차갑게 식혀 먹는다.



**TIP**

- 라따뚜이란 '음식을 가볍게 섞다', '휘젓다'란 뜻을 가진 프로방스 지방의 방언에서 비롯된 음식명이며 제철 채소를 이용하여 다양하게 만들 수 있다.
- 영화 〈라따뚜이〉에 등장하는 라따뚜이는 전통적인 요리법으로 만든 것이 아니라, 미국의 유명 셰프인 토마스 켈러의 자문을 받아 만든 레시피이다.

*Gnocchi alle Gratine*

# 감자 뇨끼 그라티네

재료 및 분량 | **4~6인분** |

감자 400g, 밀가루 120g, 달걀노른자 1개,
파마산 치즈가루 20g, 너트메그 ⅓t, 소금 1t,
후추 약간, 모차렐라 치즈(shredded) 130g,
올리브오일 1T

**토마토 바질 소스**

버터 10g, 올리브오일 1T, 양파(다진 것) 50g,
마늘(다진 것) 1T, 토마토소스 250g,
뇨끼 삶은 물 ¼C, 바질·설탕·후추 약간

팬에 버터와 올리브오일을 두르고 양파와 마늘 다진 것을 넣어 충분히 볶은 후 토마토 소스, 뇨끼 삶은 물, 바질, 설탕, 후추를 넣고 10분 정도 끓인다.

만드는 법

1 감자는 소금을 넣고 삶은 후, 껍질을 벗기고 뜨거울 때 으깬다.
2 **1**의 으깬 감자에 밀가루, 달걀노른자, 파마산 치즈가루, 너트메그, 소금, 후추를 넣고 반죽한다.
3 **2**의 반죽을 길게 밀어 길이 3cm로 자른 후, 포크로 눌러 뇨끼 모양으로 만든다.
4 끓는 물에 1% 농도 소금과 올리브오일을 넣고 **3**의 뇨끼를 삶는다. 뇨끼 삶은 물 ¼C은 남겨 놓는다.
5 오븐 용기에 토마토바질 소스를 먼저 넣고 뇨끼, 소스, 모차렐라 치즈 순으로 얹어 200℃로 예열한 오븐에 20분 정도 구워 낸다.

**TIP**

- 뇨끼는 고대 로마 시대부터 먹었던 오래된 이탈리아요리로 파스타의 일종이다. 주로 감자, 밀가루, 달걀, 치즈를 반죽하여 만든다. 찰진 반죽을 작게 떼어 모양을 내고 물에 삶아 요리하는 방식이 우리나라의 수제비와 비슷하다. 뇨끼는 이탈리아 정찬의 첫 번째 코스에서 파스타 대신 내거나 메인 코스의 사이드 디시로 내기도 한다.

*Cucumber Pickles*

# 오이 피클

### 재료 및 분량

오이 15개, 굵은 소금 ½컵

**피클 주스**

물 5컵, 식초 3½컵, 설탕 3½컵, 소금 3½T, 피클링 스파이스 20g, 통계피 20g, 생강(편으로 썬 것) 20g, 건고추 3개

물에 식초, 설탕, 소금을 넣고 잘 섞은 후 피클링 스파이스, 통계피, 생강편, 건고추를 넣고 10분 정도 끓인다.

### 만드는 법

1. 오이는 끝이 단단하고 오돌토돌한 것으로 골라 깨끗이 씻은 후, 굵은 소금으로 문질러 3시간 이상 재어 놓는다.
2. **1**에서 절인 오이의 물기를 닦아 보관용 그릇에 가지런히 담는다.
3. 피클 주스를 만들어 한 김 식힌 후 **2**에 붓고 오이가 피클주스 위로 떠오르지 않도록 무거운 돌로 눌러 뚜껑을 덮고 냉장고에 보관한다.
4. 3일 정도 지난 후 냄비에 **3**의 피클 주스를 따라 내고 다시 끓이고 식힌다. 오이 피클에 부어서 냉장 보관한다.



**TIP**

- 청홍고추, 홍고추, 양파, 레몬 등을 함께 넣으면 새콤 매콤한 맛을 즐길 수 있다.
- pickle은 초나 소금물을 말하는 것이고 pickles는 절인 음식물을 말한다.

*Rice Croquette*

# 라이스 크로켓

### 재료 및 분량 |4~6인분|

햄 200g, 양파(다진 것) 2개, 식빵 2쪽, 우유 ½C, 밥 4C, 모차렐라 치즈(block) 80g, 밀가루 ½C, 달걀 2개, 빵가루 2C, 소금 ½t, 후추 ¼t, 식용유, 토마토케첩 ⅓C

### 만드는 법

1 햄은 다지고, 양파 다진 것을 팬에 투명해질 때까지 볶는다.
2 식빵은 뜯어서 우유에 적셔 놓는다.
3 밥에 **1**과 **2**의 재료를 모두 넣고 잘 섞는다.
4 모차렐라 치즈를 짧은 막대 모양(1×1×2.5cm)으로 잘라 **3**의 밥 가운데 넣은 다음, 밥을 뭉쳐 원추형으로 만든다.
5 밀가루에 후춧가루를 약간 넣고, 달걀 푼 것에 소금을 넣어 섞는다.
6 **4**의 뭉친 밥에 '**5**의 밀가루 → **5**의 달걀물 → 빵가루' 순으로 튀김옷을 입힌다.
7 튀김 팬에 식용유를 넣고 180℃로 가열한 후, 5분 정도 갈색이 나게 튀긴다.
8 완성된 라이스 크로켓은 토마토케첩과 곁들여 낸다.

**TIP**

- 크로켓의 형태는 재료에 따라 여러 가지가 있는데 재료에 따라 보통 채소류는 타원형으로, 고기류와 치즈는 원형으로, 밥은 원추형으로 만든다.

## *Chicken Curry Pilaff*

# 치킨 카레 필라프

재료 및 분량 | **4~6인분** |

닭가슴살 200g, 쌀 100g, 양파(다진 것) 100g,
버터 1T + ½T, 화이트와인 ½C,
셀러리(다진 것) 100g, 치킨 스톡 ½C + 1½C,
강황가루 ½t, 카레가루 1t, 생크림 2T

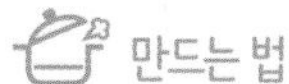

만드는 법

1 닭가슴살은 크기 1.5cm의 큐브 모양으로 썬다.
2 쌀은 깨끗이 씻어 30분 정도 물에 불린 후 체에 밭쳐 놓는다.
3 팬에 버터 1T을 녹인 후, 양파 다진 것을 넣고 노릇해질 때까지 볶다가 **1**의 닭가슴살을 넣고 익힌 다음, 화이트와인을 넣어 닭 특유의 냄새를 제거한다.
4 **3**에 셀러리 다진 것을 넣고 잠시 볶다가 치킨 스톡 ½C을 넣고 뭉근하게 끓인다.
5 다른 팬에 버터 ½T을 넣어 녹인 후 **2**의 쌀을 넣고 노릇하게 볶다가 치킨 스톡 1½C과 강황가루, 카레가루, 생크림을 넣어 익힌다.
6 **5**의 밥에 **4**의 재료를 넣고 어우러지도록 볶아 낸다.

**TIP**

• 필라프는 쌀 또는 중동산 밀(bulghur)로 만든 음식으로 필라우(pilau)라고 불리기도 하며 근동 지역에서 유래되었다. 쌀에 육수를 넣고 본격적으로 조리하기 전에 버터나 기름에 황갈색이 나도록 볶고 조리된 채소, 고기, 칠면조 또는 닭고기, 해산물 등을 잘게 썰어 함께 볶아 낸 쌀요리이다. 밥이 고슬고슬한 느낌이 되도록 볶되 씹을 때 낱알로 흩어지지 않고 고루 뭉쳐져야 잘 조리된 것이다.

*Jambalaya*

# 잠발라야

## 재료 및 분량 | **4~6인분** |

굵고 큰 소시지(chorizo) 2개, 닭가슴살 100g, 새우(大) 8마리, 쌀 150g, 양파 ½개, 셀러리 1줄기, 파프리카 1개, 토마토 2개, 마늘(다진 것) 2t, 치킨 스톡 400mL, 월계수잎 2개, 파프리카가루 1T, 카옌 페퍼 1T, 식용유, 소금·후추 약간

## 만드는 법

1. 소시지는 길이 3cm의 한입 크기로 썰고, 닭가슴살도 소시지와 비슷한 크기로 자른다.
2. 새우는 잘 씻어 꼬치로 내장을 제거한 후, 새우의 머리와 꼬리에 있는 뾰족한 부분을 제거해 놓는다.
3. 쌀은 깨끗이 씻어 30분 정도 물에 불린 후, 체에 밭쳐 놓는다.
4. 양파, 셀러리, 파프리카, 토마토는 크기 3cm의 큐브 모양으로 자른다.
5. 팬에 식용유를 두르고 **1**의 소시지와 닭가슴살, **4**의 양파를 넣고 볶다가 파프리카가루와 카옌 페퍼를 뿌려 익힌 후, 다진 마늘과 **4**의 셀러리·파프리카·토마토를 넣고 5분 정도 더 볶는다. 센 불에 소시지와 닭가슴살을 익히면서 재료의 색이 진해지면 약한 불로 조절한다.
6. 색이 진해진 **3**의 쌀과 치킨 스톡, 월계수잎을 넣고 20분간 끓인다. 치킨 스톡은 재료가 잠길 정도로 넉넉하게 붓는다. 끓기 시작하면 약한 불로 줄여 20분간 더 가열한다.
7. 스톡이 재료와 어우러진 **6**에 **2**의 새우를 넣고 새우가 익을 때까지 5분간 더 조리한 후 소금·후추로 간한다.

**TIP**

- 잠발라야는 미국 루이지애나식 볶음밥으로 스페인의 빠에야와 비슷한 쌀요리이다.
- 센 불에 볶아 재료 고유의 맛을 살리는 것이 중요하며 취향에 따라 레몬즙을 마지막에 넣어 볶기도 한다.

*Mushroom Risotto*

# 버섯 리조또

### 재료 및 분량 | **4~6인분** |

말린 표고버섯 2개, 쌀 100g, 느타리버섯 150g, 양송이버섯 50g, 양파(다진 것) ½개, 마늘(다진 것) 1T, 올리브오일 1½T, 화이트와인 ½C, 버섯 불린 물 1C, 치킨 스톡 3C, 파슬리(다진 것) 1T, 버터 1T, 생크림 1T, 소금·후추 약간, 파마산 치즈가루 2T

### 만드는 법

1 말린 표고버섯은 깨끗하게 씻어 따뜻한 물 1C을 부어 불린 후, 물기를 제거하고 도톰하게 슬라이스한다. 버섯 불린 물은 따로 둔다.

2 쌀은 깨끗이 씻어 불리지 않고 체에 밭쳐 놓는다.

3 느타리버섯은 밑동을 잘라 갈래대로 찢어 놓고, 양송이버섯은 모양대로 슬라이스한다.

4 팬에 올리브오일을 두르고 양파와 마늘 다진 것을 넣어 볶다가 향이 나면 **3**의 버섯을 모두 넣고 볶는다.

5 버섯을 볶은 **4**에 **2**의 쌀을 넣고 투명해질 때까지 볶다가 화이트와인을 넣고 센 불에 알코올을 날린 후, 버섯 불린 물을 넣고 볶는다.

6 수분이 거의 없어진 **5**에 뜨거운 치킨 스톡을 한 국자씩 넣으며 수분이 증발할 때까지 다시 볶아 준다.

7 쌀알이 거의 익은 **6**에 파슬리 다진 것을 넣고 섞은 다음, 마지막에 버터와 생크림을 넣고 소금·후추로 간한다.

8 그릇에 **7**의 리조또를 담고, 파마산 치즈가루를 뿌려 낸다.

**TIP**

- 리조또는 미리 준비하기 어려우므로 식사 전에 조리를 시작하는데 쌀이 익을 때까지 계속 저어 주어야 하기 때문에 정성이 많이 들어가는 요리이다.
- 맛을 내기 위해 마늘, 닭고기 등의 여러 채소 및 육류를 재료로 쓰고 사프란으로 노란색을 내기도 한다. 쌀을 볶은 후 화인트와인을 넣으면 쌀알에 와인의 풍미가 더해진다.

*Paella*

# 빠에야

## 재료 및 분량 |4~6인분|

조개 12개, 홍합 12개, 쌀 2C, 치킨 스톡 2C,
사프란 또는 치자 약간, 새우(中) 8마리, 토마토 3개,
붉은 피망 1개, 양파(다진 것) ½개, 마늘(다진 것) 2T,
올리브오일 2T + 1T + 2T, 화이트와인 1C, 타임 ½T,
닭날개 8개, 완두콩(냉동된 것) ⅓C,
소금·후추·파프리카가루·파슬리 약간, 레몬 1개

## 만드는 법

1 조개와 홍합을 솔로 문질러 잘 씻은 다음, 소금물에 담가 냉장고에 하루 정도 넣고 해감시킨다.
2 쌀은 씻고 체에 밭쳐 물기를 뺀다.
3 치킨 스톡을 데우고 사프란을 담가 둔다.
4 새우는 껍질을 그대로 두고 머리만 떼어 내어 깨끗이 씻는다.
5 토마토는 껍질을 벗기고 씨를 제거하여 웨지 형태로 자르고, 붉은 피망도 길쭉길쭉하게 잘라 놓는다.
6 밑이 넓은 팬에 올리브오일 2T을 두르고 양파 다진 것 2T과 마늘 다진 것 1T을 넣고 볶다가 화이트와인, 타임을 넣고 끓기 시작하면 **1**의 조개와 홍합을 넣고 뚜껑을 덮은 후 조금 더 끓인다. 조개의 입이 벌어지면 건져서 그릇에 담고 국물은 따라 놓는다.
7 조개육수를 만든 **6**의 팬에 올리브오일 1T을 두르고 따끈해지면 새우를 넣고 소금으로 간하여 붉은색이 날 때까지 살짝 볶는다.
8 큼직한 빠에야 팬을 준비하여 올리브오일 2T을 두른 후, 닭날개를 넣고 소금·후추 및 파프리카가루로 간을 해서 노릇노릇하게 지진다.
9 닭날개 지진 **8**의 팬에 **6**에서 사용하고 남은 양파와 마늘 다진 것을 넣고 투명해질 때까지 볶은 후, **2**의 쌀, **5**의 토마토와 피망을 넣고 섞는다.
10 채소와 쌀을 넣고 섞은 **9**에 **3**의 치킨 스톡과 **6**의 조개 국물을 넣고 끓기 시작하면 중불로 줄인다. 뚜껑은 약간 열린 상태가 되게 덮은 다음, 밑바닥에 재료가 눌어붙지 않도록 가끔씩 저으며 밥을 짓는다.
11 밥의 형태가 된 **10**에 완두콩을 넣고 **7**의 새우, **6**의 조개와 홍합을 위에 얹어 뚜껑을 덮고 불을 아주 약하게 줄여 10분 정도 뜸을 들인다.
12 완성된 **11**의 빠에야에 잘게 뜯은 파슬리와 웨지 형태로 자른 레몬을 곁들여 낸다.

# 6 핑거 푸드와 샌드위치

## 1) 핑거 푸드

핑거 푸드(finger food)는 나이프나 포크와 같은 식사도구를 사용하지 않고 간단히 손으로 집어먹을 수 있는 음식을 일컫는 것으로 서양에서는 주로 애피타이저 또는 디저트용으로 사용하며 주류와 함께 낼 때는 안주의 성격으로 제공하기도 한다. 이외에도 티파티나 칵테일파티 또는 세미나, 연설회, 품평회, 전시회 같은 행사의 스탠딩 뷔페에서 다양하게 활용된다.

핑거 푸드를 전채요리로 이용할 시에는 본식사를 더욱 맛있게 먹을 수 있도록 식욕을 돋우는 역할을 하는 만큼, 오감의 조화를 고려하여 향기로우면서 맛도 좋고 보기에도 아름다워야 한다. 특히 요리에 신맛, 짠맛, 매운맛 등을 적당히 가미함으로써 그 자극으로 타액 분비를 촉진시키고 다음에 제공될 음식에 대한 식욕을 돋우어 줄 수 있어야 한다. 전채요리의 색은 계절감이 느껴질 수 있도록 고려하고 크기는 간단하게 집어먹을 수 있게끔 작게 만들어야 하며 함께 제공되는 수프나 주스도 작은 잔에 담아 서서 먹거나 들고 이동하는 데 불편함이 없도록 준비한다.

전채요리로 이용되는 핑거 푸드로는 다음과 같은 것들이 있다.

- **냉전채(cold hors d'oeuvre)**　어패류, 육류, 알류, 채소류 등을 이용해서 만든 카나페, 샐러드, 신선한 채소, 피클, 각종 치즈, 과일 및 견과류, 훈제품 등으로 찬 오르되브르이다.
- **온전채(hot hors d'oeuvre)**　주로 육류요리를 작게 만들어 제공하는데 각종 튀김류와 구

이류, 한입 크기의 페이스트리류, 소형 크로켓이나 미니 팬케이크 등이 이용된다. 푸아그라(foie gras, 거위의 간)로 속을 채운 턴오버(turnover)나 작은 크레이프(crepes), 미트볼(meatball) 등도 자주 이용되는 따뜻한 오르되브르이다.

- **카나페(canape)** 대표적인 핑거 푸드인 카나페는 프랑스어로 '긴 의자' 라는 뜻으로 긴 의자처럼 생긴 식빵을 잘라 만든다고 해서 붙여진 이름이다. 빵을 얇게 썰어 여러 가지 모양으로 잘라 토스트하여 사용하거나 식빵 대신 담백한 크래커를 이용하고 여기에 다양한 재료를 얹어 만든다. 자주 이용되는 재료는 삶은 달걀, 치즈, 래디시, 앤초비, 피클, 올리브, 연어, 새우 등으로 재료나 만드는 방식에 따라 다양한 맛과 색으로 화려하고 특색 있게 만들 수 있다.
- **해산물 칵테일(seafood cocktail)** 차갑게 제공하는 전채요리로 주로 새우, 굴, 참치, 바닷가재, 게살 등 오래 씹지 않아도 되는 재료를 준비하여 한입에 들어가는 작은 크기로 만들고 차갑게 식힌 후 칵테일 글라스에 담고 소스를 뿌리거나 따로 담아 낸다. 이때 소스는 새콤·달콤·매콤한 자극적인 맛이 나는 것을 준비한다.
- **렐리시(relish)** 당근, 셀러리, 아스파라거스, 오이, 래디시, 피망, 올리브, 피클 등을 먹기 좋게 스틱 또는 스트립(stick or strips), 컬(curls), 링(rings), 트위스트(twists), 슬라이스(slices) 모양으로 자르거나 다듬어서 제공한다. 이때 채소는 아삭아삭한 맛과 신선함이 살아 있도록 차갑게 대접해야 하므로, 차가운 그릇이나 잘게 부순 얼음을 이용해 담아 내는 것이 좋다. 렐리시와 함께 딥(dips)이나 스프레드(spread)를 함께 제공하는 경우가 많은데 딥은 각종 크림이나 치즈를 기본으로 여러 가지 재료를 섞어 반유동 상태로 만든 것이며, 스프레드는 딥보다 농도를 진하게 하여 오래 보관할 수 있도록 만든 것이다. 딥은 양파, 마늘, 고추, 실파, 파슬리, 토마토, 베이컨 등 섞는 재료에 따라 다양하게 만들 수 있으며 레몬 주스, 식초, 마요네즈 등을 섞어 묽게 만들어 딥으로 사용하기도 한다. 딥은 렐리시 이외에도 감자칩(potato chips), 토틸라칩(tortilla chips), 크래커 등과 함께 제공한다. 차게 제공하는 딥은 대접하기 30분 전에 냉장고에 넣어 식히고, 따뜻하게 제공하는 딥은 소스 워머(sauce warmer)를 이용하여 온도를 유지시킨다.

일반적인 디너에서 핑거 푸드를 전채요리로 사용할 때는 2~3가지 정도의 요리를 준비하는 것이 적당하며, 디너가 없는 칵테일파티의 경우에는 5~6가지 정도를 마련한다. 디너를 겸한 파티나 리셉션에서는 6~8가지 정도의 다양한 핑거 푸드를 제공하는 것이 좋은데, 이때의 핑거 푸드는 간단한 요기가 될 수 있도록 넉넉하게 준비한다. 핑거 푸드의 양은 손님 1인당 각 요리가 1~2조각 돌아가도록 준비한다.

핑거 푸드를 준비하고 서빙할 때는 다음과 같은 점을 유의하도록 한다.

- 다양한 종류의 핑거 푸드가 제공될 경우 1인 분량을 유념하여 준비한다.
- 양념(seasoning)은 알맞은 양으로 하되 꼼꼼하게 해야 한다. 특히 전채요리로 사용되는 핑거 푸드는 식욕을 돋우기 위한 요리인 만큼 양념이 매우 중요하다. 그러나 신선한 허브나 향이 강한 양념(마늘, 바질 등)은 지나치게 많이 쓰지 않도록 주의해야 한다.
- 핑거 푸드는 테이블에 계속 세팅해 두기 때문에 깨끗하고 깔끔하게 모양내어 서빙한다.
- 색깔이나 모양은 테이블 세팅 시 중요한 역할을 하므로 핑거 푸드의 크기나 형태를 주의깊게 결정하고 플레이팅 시에도 어느 정도 여백을 주는 것이 좋다.
- 핑거 푸드와 함께 서빙되는 주류 및 음료로는 보통 브랜디, 위스키, 와인 및 단맛이 나는 칵테일을 많이 사용하는데 전채음식과 함께 제공할 경우 60mL 정도를 준비하는 것이 적당하다. 이외에도 여러 가지 과일 주스, 칵테일 주스, 탄산음료 등을 제공한다.

### 2) 샌드위치

샌드위치라는 명칭은 18세기 후반 영국의 존 몬터규 샌드위치(John Montagu Sandwich) 백작의 이름을 따서 붙여진 것인데 트럼프 게임에 열중하느라고 식사할 시간도 아까워 버터를 바른 빵 사이에 채소와 육류를 끼워 넣고 한 손에 들고 먹은 데에서 생겨난 음식이 바로 샌드위치이다. 샌드위치와 유사한 음식은 그 전부터 찾아볼 수 있는데, 로마 시대에는 검은 빵에 육류를 끼운 음식이 가벼운 식사 대용으로 애용되었고, 러시아에서도 전채(前菜)의 한 종류인 오픈 샌드위치를 만들어 먹었다고 한다.

샌드위치는 기본적으로 빵과 버터, 속재료로 구성되며 흰 식빵 이외에도 보리빵, 호밀빵, 바게트, 건포도빵, 롤빵, 비스킷, 크루아상, 잉글리시 머핀, 베이글, 치아바타, 소프트롤, 포카

치아, 또띠아 등 다양한 빵으로 만들 수 있다.

샌드위치용 버터는 미리 실온에 꺼내 놓아 말랑말랑하게 한 후 포크나 나이프로 으깨어 스프레드하기 쉬운 상태로 만들어서 사용해야 한다. 샌드위치에 스프레드하는 버터는 빵 표면에 속재료의 수분이 흡수되는 것을 방지해 주는 역할을 하므로 너무 녹은 상태에서 바르면 안 된다. 버터는 샌드위치의 속재료와 맛이 잘 어울리는 것을 선택해야 하는데 속재료가 햄이나 치킨 등이라면 머스터드 버터(mustard butter), 과일일 경우 땅콩 버터(peanut butter) 또는 사과 버터(apple butter), 속재료가 견과류일 경우에는 크림 버터가 잘 어울린다. 이외에도 샌드위치에 풍미를 더하기 위해 앤초비 버터(anchovy butter), 고추냉이 가루를 이용한 그린 버터(green butter) 등을 이용하기도 한다.

샌드위치에 많이 이용되는 속(filling)으로는 다음과 같은 것들이 있다.

- **채소류** 감자, 당근, 양배추, 양상추, 양파, 오이, 오이피클, 토마토, 파슬리
- **수조육류** 닭고기, 칠면조, 베이컨, 소시지, 로스트 비프(roast beef), 햄
- **생선류** 새우, 연어, 참치통조림
- **달걀** 삶은 달걀, 달걀 프라이
- **과일류** 건포도, 아보카도, 올리브, 파인애플
- **치즈** 고다, 모차렐라, 블루, 체다, 크림치즈
- **기타** 견과류, 잼, 젤리, 마멀레이드, 허머스(hummus)*

샌드위치의 속은 단일 재료로 채우기도 하지만 보통은 여러 재료를 사용하여 색·맛·질감의 조화를 이룬다. 여러 재료를 버무릴 때는 마요네즈, 샐러드 드레싱, 우스터 소스, 타바스코 소스 등을 이용하며 소금과 후춧가루로 간을 맞춘다. 익히지 않은 채소는 잘게 썰어서 사용해야 하며 특별한 경우가 아니라면 먹기 직전에 준비해야 채소의 신선한 맛을 즐길 수 있다.

---

* 허머스는 병아리콩·올리브오일·레몬 등을 섞어 으깬 소스의 일종으로 레바논이나 이집트 등 중동의 향토음식이다. 단백질의 비중이 높고 지방이 적어서 다이어트용 또는 건강음식으로 우리나라에서도 이용하는 사람들이 늘고 있다.

샌드위치는 대개 버터를 바른 식빵 사이에 속재료를 채워 넣고, 재료와 빵이 잘 붙도록 습기가 약간 있는 깨끗한 면포로 샌드위치를 덮고, 가벼운 물건을 이용해 눌러서 만든다. 이때 너무 무거운 판을 이용하면 샌드위치가 납작해져서 볼품이 없어지므로 유의한다. 이렇게 만든 샌드위치는 브레드 나이프(bread knife)로 가장자리를 잘라내고 여러 모양으로 보기 좋게 썰어서 접시나 바구니에 담는다. 장식으로 파슬리·셀러리잎·워터크레스 등을 이용하면 신선하게 보이기도 하고 샌드위치 표면이 건조되는 것을 방지할 수 있다.

샌드위치의 맛을 더하기 위해 곁들일 수 있는 사이드 디시(side dish)로는 포테이토칩, 프렌치프라이, 와플 포테이토, 코울슬로(cole slaw), 피클 등이 있다.

샌드위치는 형태에 따라 클로즈드 샌드위치(closed sandwich)와 오픈 샌드위치(open sandwich)로 구별할 수 있고, 제공되는 온도에 따라 콜드 샌드위치(cold sandwiches)와 핫 샌드위치(hot sandwiches)로도 나눌 수 있다.

#### (1) 클로즈드 샌드위치

클로즈드 샌드위치는 가장 일반적인 샌드위치의 형태로 두 쪽의 빵 사이에 속(filling)을 끼워서 만들며 다양한 재료를 사용하여 만들 수 있다. 식사 대용 샌드위치는 위아래에 있는 빵의 중간에 빵을 한 장 더 끼워 넣어 부피감 있게 만들기도 한다.

#### (2) 오픈 샌드위치

오픈 샌드위치는 오픈 페이스드 샌드위치(open faced sandwiches), 브레드 플레터(bread platter)라고도 부르며 불어로는 타르틴(tartine)이라고 한다. 오픈 샌드위치는 빵 한쪽에 육류와 채소, 치즈 등 각종 재료를 조화롭게 올려 먹는 것으로, 말 그대로 재료를 올린 후 다시 빵을 덮지 않는 것이다. 우리에게 익숙한 카나페도 오픈 샌드위치의 일종으로 볼 수 있다.

#### (3) 콜드 샌드위치

콜드 샌드위치는 보통 얇게 저민 수조육류 슬라이스나 마요네즈에 버무린 샐러드를 이용한 델리 스타일(deli-style)의 샌드위치를 가리키는 것으로 빵 사이에 버터나 마요네즈로 스프레드하여 만든다. 클럽 샌드위치(club sandwiches or triple-decker sandwiches), BLT 샌드위치가 이에 속한다.

### (4) 핫 샌드위치

핫 샌드위치는 속재료를 뜨거운 것으로 채우거나 그릴에 한 번 구워 내는 것을 말한다. 대표적인 것으로 햄버거 샌드위치와 파니니가 있다. 때때로 샌드위치용 빵 위에 뜨거운 속재료를 올리고 여러 가지 따뜻한 소스를 끼얹어 서빙하기도 한다.

### (5) 기타 샌드위치

이외에도 롤 샌드위치(rolled sandwich)·핀휠 샌드위치(pinwheel sandwiche) 등 여러 가지 모양으로 만든 팬시 샌드위치(fancy sandwich), 덩어리 식빵을 이용한 로프 샌드위치(loaf sandwich) 등 다양한 샌드위치가 존재한다.

샌드위치는 어떤 목적으로 제공하느냐에 따라서 준비 과정이 조금씩 달라질 수 있다. 먼저 점심 또는 피크닉용으로 준비한다면 필요한 영양분을 고루 함유하고 포만감을 줄 수 있는 크기와 양이어야 한다. 따라서 빵도 너무 얇지 않은 것을 선택하고 가장자리를 자르지 않아도 무방하다. 속은 채소와 육류를 곁들여 두 가지 정도를 함께 넣는 것이 좋고, 익혀서 슬라이스한 쇠고기·닭고기·햄·생선 등과 달걀·치즈·토마토·오이·셀러리·양파 등을 알맞게 선택하여 마요네즈·케첩·씨겨자 소스(whole grain mustard) 등과 버무려 다양하게 만들 수 있다.

티파티나 칵테일파티에 카나페로 사용되는 샌드위치는 양보다는 맛이 중요하므로 고급 재료를 사용하여 자그마하게 만든다. 속은 다지거나 얇게 썰어 식빵에 올리기 쉽게 만들고, 식빵은 쿠키 커터로 모양을 내고 오픈 샌드위치 형태로 준비한다.

*Canapé*

# 카나페

재료 및 분량 | **8~10인분** |

식빵 8장, 달걀(삶은 것, 완숙) 2개, 칵테일새우 5마리, 올리브오일 ½T, 햄 3장, 체다 치즈(슬라이스) 3장, 붉은 피망·오이 피클 1개씩, 올리브 4개, 래디시 3개, 버터(또는 땅콩버터) 3T, 마요네즈 3T, 파슬리 약간

만드는 법

1. 식빵(두께 1cm)은 모양 커터를 이용하여 여러 가지 모양으로 잘라 놓는다.
2. 달걀 삶은 것은 에그 커터로 얇게 썰어 놓는다.
3. 칵테일새우는 연한 소금물에 담가 살살 흔들며 헹궈 물기를 닦은 후, 팬에 올리브오일을 두르고 타지 않게 볶는다.
4. 햄과 치즈는 잘라 놓은 식빵과 같은 모양으로 식빵보다 약간씩 작게 썰어 놓는다.
5. 붉은 피망은 끓는 물에 살짝 데쳐서 가늘게 채 썰고, 오이 피클은 모양칼을 이용하여 빗살 모양으로 썰어 놓는다.
6. 올리브와 래디시는 둥근 모양으로 얄팍하게 썰어 놓는다.
7. **1**의 식빵은 실온에서 부드럽게 된 버터를 발라 프라이팬에 노릇노릇하게 구운 후, 그 위에 햄과 치즈를 얹고, 준비된 재료를 이용하여 모양을 낸다.
8. 마요네즈는 1mm 팁을 끼운 튜브에 담고 가늘게 짜서 **7**의 카나페 위에 모양을 내고 파슬리로 장식해서 낸다.

**TIP**

- 케이크 장식에 쓰이는 튜브나 팁이 없다면, 왁스페이퍼를 고깔 모양으로 말아서 사용하거나 1회용 비닐 백을 사용한다.

*Croustade*

# 크루스타드

### 재료 및 분량

**견과류 크루스타드** 견과류 150g, 건조 크린베리 50g, 리코타 치즈 ½C, 크루스타드 16개, 장식용 허브 소량

**가지 크루스타드** 가지 1개, 올리브오일 3T, 마늘(다진 것) 1T, 토마토소스 1C, 바질(건조) ½t, 모차렐라 치즈(shredded) ¾C, 크루스타드 16개

**브로콜리 크루스타드** 브로콜리 200g, 호두 100g, 크림치즈 90g, 사워크림 30g, 오레가노 플레이크 ½T, 크루스타드 16개

**크루스타드(16개 분량)**

식빵 8장, 미니 머핀 틀 16구

① 식빵을 밀대로 밀어 납작하게 만들고 직경 7cm의 원형 커터로 찍어 낸다.
② 미니 머핀틀에 1의 식빵을 넣고 그릇 모양으로 만들어 틀에 맞게 꾹꾹 눌러 준다.
③ 170℃로 예열한 오븐에 6~8분간 굽는다.

### 만드는 법

**견과류 크루스타드**

견과류와 크린베리는 리코타 치즈와 가볍게 섞어서 크루스타드 안에 담고 허브로 장식한다.

**가지 크루스타드**

1 가지는 은행잎 모양으로 얇게 채 썬다.
2 가열한 팬에 올리브오일을 두르고 마늘 다진 것을 볶다가 **1**의 가지를 넣고 충분히 볶은 다음, 토마토소스와 바질을 넣고 잠시 끓여 재료가 잘 어우러지도록 한다.
3 크루스타드 안에 **2**의 가지 볶은 것을 나누어 넣고 위에 모차렐라 치즈를 얹는다. 190℃로 예열한 오븐 또는 오븐 토스터에 치즈가 녹아 노릇해지도록 굽는다.

**브로콜리 크루스타드**

1 브로콜리는 크기 2cm로 작게 잘라 끓는 소금물에 살짝 데친 후, 찬물에 잠시 담갔다가 체에 밭쳐 둔다.
2 호두는 160℃로 예열한 오븐에 갈색이 날 때까지 굽는다.
3 실온에 꺼내 놓은 크림치즈, 사워크림, 오레가노 플레이크를 부드럽게 섞은 다음, 크루스타드 안에 넣고 **1**의 브로콜리와 **2**의 호두를 올린다.

**TIP**

- 크루스타드란 먹을 수 있는 용기를 뜻한다. 식빵을 활용한 크루스타드는 여러 가지 토핑을 얹어 전채요리 및 핑거 푸드로 이용할 수 있다.

*Bruschetta al Pomodoro*

# 브루스게타

재료 및 분량 | **6개 분량** |

바게트(두께 1cm, 어슷 썬 것) 6쪽, 버터 20g,
프렌치 머스터드 5g

**토마토 토핑**

토마토(concasser) 200g, 양파(다진 것) 20g, 마늘(다진 것) 1개, 바질잎(다진 것) 1T, 파슬리(다진 것) 1T, 설탕 ½t, 소금 ½t, 후추 약간, 올리브오일 1T

① 토마토는 껍질과 씨는 제거한 후 과육만 굵게 다져 토마토 콩카세로 만든다.
② 1에 양파, 마늘, 바질, 파슬리 다진 것과 설탕, 소금, 후추를 넣고 잘 섞는다.
③ 올리브오일은 맨 마지막에 약간씩 넣어 가며 섞는다.

만드는 법

**1** 바게트는 두께 1cm로 어슷 썰어 200℃로 예열한 오븐에 8분 정도 굽는다.
**2** 실온에 둔 버터와 프렌치 머스터드를 섞어서 **1**의 바게트 위쪽에 바른다.
**3** **2**의 윗면에 토마토 토핑을 얹어 낸다.

*Club Sandwich*

# 클럽 샌드위치

### 재료 및 분량 |**4개 분량**|

샌드위치 식빵(두께 1cm) 12장, 버터 4T, 토마토 1개, 베이컨 150g(길이 20cm, 8장), 양상추잎 8장, 닭가슴살 100g, 소금·후추 약간, 마요네즈 4T, 칵테일 꼬치 4개, 그린 올리브 4개

### 만드는 법

1 식빵은 토스터에 구운 후 4장은 양면에, 나머지는 한 면에 버터를 바르고 가장자리는 자른다.
2 토마토는 씻어서 두께 0.5cm의 둥근 모양이 되도록 가로로 썬다.
3 베이컨은 반으로 자르고 프라이팬에 구워 기름을 뺀다.
4 양상추잎은 깨끗이 씻어 물기를 제거한 후, 빵의 크기에 맞추어 잘라 놓는다.
5 닭가슴살은 반으로 저민 후 소금·후추를 뿌려 두었다가 프라이 팬에 노릇노릇하게 구워 놓는다.
6 **1**의 식빵 중 한 면에만 버터를 바른 빵 위에 마요네즈를 다시 얇게 바르고 **2**의 토마토 1조각, **3**의 베이컨 3~4장을 얹고 마요네즈를 바른다. 그 위로 양면에 버터 바른 빵을 올려 놓고 다시 빵 윗면에 마요네즈를 바른 다음, **4**의 양상추잎과 **5**의 닭가슴살를 얹고 다시 마요네즈를 바른다. 그 위에 버터를 한 면에만 바른 빵을 얹어서 살짝 눌러 놓는다.
7 **6**에 칵테일 꼬치를 꽂고 그린 올리브를 꼬치 끝부분에 꽂아 장식해서 낸다.

*Loaf Sandwich*

# 로프 샌드위치

재료 및 분량 | **8~10인분** |

풀먼 식빵(Pullman Bread, 10×10×30cm) 1개,
달걀(삶은 것, 완숙) 5개, 햄 200g,
완두콩(냉동된 것) 1C, 마요네즈 1C,
버터 ½C, 소금 약간

**가니시**

래디시 1개, 식초 1t, 물 1C, 그린 올리브 2개,
오이 피클 ½개, 달걀(삶은 것, 완숙) 1개,
파슬리 약간

① 래디시는 장미꽃 모양이 되도록 칼집을 넣어 식초를 넣은 찬물에 담가 놓는다.
② 그린 올리브, 오이 피클, 달걀 삶은 것은 원형으로 얇게 슬라이스한다.
③ 파슬리는 보기 좋게 잘라 놓는다.

만드는 법

1 풀먼 식빵은 사방으로 갈색의 겉 껍질 부분을 잘라낸 후, 가로로 5등분한다. 맨 위와 아래의 조각은 버터를 한쪽 면에만 바르고, 가운데 세 조각은 양쪽 면에 버터를 바른다.
2 삶은 달걀 5개는 흰자와 노른자를 분리하여 곱게 다진 후, 각각 따로 마요네즈에 버무리고 소금으로 간한다.
3 햄은 곱게 다져서 마요네즈를 넣고 버무려 놓는다.
4 완두콩은 삶고 체에 내려 마요네즈를 넣고 버무린 후, 소금으로 간한다.
5 한쪽 면에만 버터를 바른 식빵 조각 위에 햄을 펴 바르고, 양쪽에 버터가 발린 식빵 조각을 덮는다.
6 **5**의 빵 위에 **2**에서 준비한 노른자 버무린 것을 바르고, 양쪽에 버터가 발린 식빵 조각을 덮는다. 위에 달걀 흰자를 바르고 다시 양쪽에 버터가 발린 식빵 조각을 덮은 다음, **4**의 완두콩을 펴서 바르고 한쪽에만 버터가 발린 식빵 조각을 덮는다.
7 **6**의 샌드위치 위를 준비한 가니시로 장식하고, 투명한 셀로판 비닐로 싸서 리본으로 옆 부분을 묶는다.

*Hot Tuna Sandwiches*

# 핫튜나 샌드위치

재료 및 분량 | **4인분** |

참치(통조림) 1캔(150g), 후춧가루 약간, 식빵 8장,
땅콩버터 8T, 달걀 4개, 우유 ½C, 설탕 1T, 버터 2T

| 장식 |
| --- |
| 파슬리 약간, 상추잎 2~4장 |

만드는 법

1 참치 통조림은 기름기를 빼고 잘게 으깬 후, 후춧가루를 넣고 섞는다.
2 식빵의 한쪽 면에 땅콩버터를 바른 후 **1**의 참치를 얹고, 다른 빵 한 장에도 땅콩버터를 발라 참치 위에 덮는다. 식빵의 가장자리는 잘라 놓는다.
3 달걀은 잘 풀은 다음 우유와 설탕을 넣고 잘 섞는다.
4 **2**의 빵을 **3**에 담근 후 버터를 두른 프라이팬에 놓고 노릇노릇하게 구워 낸다.
5 **4**의 구운 샌드위치를 삼각형 또는 직사각형으로 2등분하여 접시에 담고 파슬리와 상추잎으로 장식한다.

*Mushroom Panini*

# 버섯 파니니

재료 및 분량 | **2인분** |

양파(중간 크기) 2개, 애느타리 버섯 100g,
올리브오일 약간, 발사믹 글레이즈 1T,
치아바타(혹은 호밀빵) 2개,
모차렐라 치즈(shredded) 150g,
마요네즈 2T, 홀그레인 머스터드 2T

**바질 페스토**

바질잎 150g, 잣 ⅓C(70g),
파마산 치즈가루 ½C, 마늘(다진 것) 1½T,
소금·후추 약간, 엑스트라버진 올리브오일 ½C

① 바질은 물에 살짝 헹궈 물기를 제거하고, 잣은 마른 팬에 노 릇하게 구워 식혀 준다.
② 블랜더에 바질, 잣, 파마산 치즈가루, 마늘 다진 것, 소금·후추를 넣고 곱게 간다.
③ 2에 엑스트라버진 올리브오일을 넣고, 오일과 재료가 잘 어우 러지도록 다시 한 번 갈아 완성한다.

만드는 법

**1** 양파는 굵게 채 썰거나 0.5cm 두께의 둥근 링 모양으로 썰어 놓는다.
**2** 애느타리버섯을 씻은 후, 결대로 가늘게 찢어 물기를 제거해 놓는다.
**3** 프라이팬에 올리브오일을 두르고 **1**의 양파를 볶다가 소금·후추를 뿌려 간을 한 다음, 양파가 투명해지기 시작하면 발사믹 글레이즈를 ½T 넣고 섞는다. 애느타리버섯도 양파와 같은 방법을 이용하여 물기가 없어질 때까지 바짝 볶는다.
**4** 치아바타는 반으로 갈라 한쪽에 홀그레인 머스터드와 마요네즈 섞은 것을 바르고, 다른 한쪽에는 바질 페스토를 바른다.
**5** **4**의 치아바타 한쪽 위에 '모차렐라 치즈, 볶은 양파와 버섯, 모차렐라 치즈'를 순서대로 올리고 다른 한쪽 치아바타로 덮는다.
**6** 중간불에 그릴(또는 프라이팬)을 충분히 달군 후, **5**의 파니니를 치즈가 다 녹을 때까지 노릇하게 구워 낸다.

**TIP**

- 파니니는 이탈리아어로 샌드위치를 말하지만 서양요리에서는 그릴드 샌드위치(grilled sandwich)를 의미한다. 파니니에 이용될 수 있는 빵으로는 치아바타나 바게트가 적당하며 육류, 채소류 등을 활용하여 다양한 파니니를 만들 수 있다.
- 페스토(pesto)는 이탈리아어의 'pestare(으깨다)'에서 비롯된 단어로 바질을 위주로 한 제노바 지방의 전통적인 프레시 소스이다. 블랜더로 바질을 갈 때 색깔이 검게 변하는 것을 막으려면, 올리브오일을 냉장고에 1~2시간 정도 넣어 두었다가 만드는 것이 좋다.

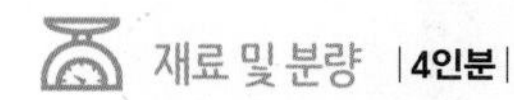

# 크로크 무슈

재료 및 분량 | **4인분** |

식빵 8장, 슬라이스 햄 8장,
체다 치즈(슬라이스) 2장, 홀그레인 머스터드 2T,
모차렐라 치즈 또는 그뤼에르치즈(shredded) 2½C

**베샤멜 소스**

밀가루 1T, 버터 1T, 우유 1C, 소금·후추 약간, 정향 약간

① 달군 팬에 버터를 녹인 후, 밀가루를 넣어 약불에 잘 볶는다.
② 우유를 조금씩 넣으며 멍울이 생기지 않도록 거품기로 계속 저어 가며 잘 섞는다.
③ 소금·후추와 정향을 넣고 잘 섞어 걸쭉한 베샤멜 소스를 완성한다.

만드는 법

1 식빵에 베샤멜 소스를 바르고 슬라이스 햄과 모차렐라 치즈 ¼C 정도를 올린 후, 다른 식빵에 홀그레인 머스터드를 발라 덮어 준다.
2 **1**의 빵 윗면에 베샤멜 소스를 바른 뒤 모차렐라 치즈를 ¼C 정도 또 올린다.
3 **2**의 크로크 무슈는 180℃로 예열된 오븐에서 치즈가 녹아 노릇해질 때까지 10분 정도 구워 낸다.



TIP

• 크로크 무슈는 핫샌드위치의 하나로 프랑스어의 croquet(바삭한)와 monsieur(프랑스 사람)의 합성어이다. 옛날 광부들이 식어서 굳은 샌드위치를 난로 위에 올려 따뜻하게 익혀 먹은 것에서 유래되었다고 한다. 크로크 무슈와 유사한 샌드위치로는 미국에서 많이 볼 수 있는 몬테 크리스토 샌드위치(Monte Cristo sandwich)가 있다. 몬테크리스토 샌드위치는 햄, 터키, 스위스 치즈 등으로 속을 채워 달걀물을 입혀 팬에 지져 내는 것이다.

# 7 디저트

디저트(dessert)의 어원은 불어의 데세르비(desservir, 치우다, 정돈하다)에서 유래된 것으로 식사의 맨 마지막 코스로 나오는 단맛과 풍미가 좋은 음식을 말하며, 영국이나 미국에서는 젤리·푸딩·케이크·아이스크림·과일 등을 많이 이용한다. 프랑스요리에서 말하는 앙트르메(entremets)는 원래 정식 식사에서 요리 사이에 내는 음식을 일컫는 것이었으나 현재는 식사 후의 후식을 의미한다. 앙트르메는 이미 끝마친 요리의 맛을 효과적으로 돋우기 위한 것으로 그 종류가 다양하고, 달걀·설탕·우유·크림·양주·과일·너트·향료 등으로 만들며 뜨거운 것과 찬 것으로 나뉜다. 뜨거운 것을 앙트르메 쇼(entremets chaud)라고 하며 수플레(soufflé)·푸딩 등이 이에 속하고, 찬 것은 앙트르메 프루아(entremets froid)라고 하여 냉과(冷菓)와 아이스크림이 이에 속한다.

시각적으로 아름답고 맛과 향이 좋은 디저트는 식사를 더욱 즐겁고 만족스럽게 마무리하게 해 주는 역할을 한다. 따라서 서빙해야 할 디저트의 종류를 결정하기 위해서는 이미 제공된 음식의 메뉴와 계절을 고려하는 것이 좋다. 예를 들어 정찬이 기름지고 포만감 있는 것이었다면 후식은 과일을 이용한 파이나 커피 케이크와 같이 가벼운 것이 좋다. 반대로 담백하고 기름기가 적은 식사였다면 치즈를 이용한 케이크나 파이가 적당하다. 여름에는 신선한 생과일이나 과일 샐러드가 무난하다. 더운 디저트와 찬 디저트를 같이 낼 때는 더운 것을 먼저 내고 찬 것을 나중에 내는 것이 알맞은 순서이다.

디저트의 종류는 만드는 재료나 온도에 따라 나눌 수 있으며, 많이 이용되는 디저트는 다음과 같다.

### (1) 커스터드(custard)

커스터드는 우유·달걀·설탕·소금·향료를 섞어서 익힌 것으로 첨가하는 재료에 따라 케이크 커스터드, 초콜릿 커스터드, 코코넛 커스터드 등으로 나눌 수 있다. 익히는 방법에 변화를 주어 부드럽게 또는 단단하게 만들 수 있는데 재료를 냄비에 넣고 끓이면서 저어 만드는 소프트 커스터드(soft custard)와 수증기로 찌거나 오븐에 구워서 만드는 펌 커스터드(firm custard)가 있다.

### (2) 푸딩(pudding)

푸딩은 영국의 대표적인 디저트로 보통 달걀과 설탕, 우유 등을 섞어 중탕하면서 굽거나 찐 것을 말한다. 요즘에는 젤라틴을 첨가하여 굳히는 방법으로 만들기도 하기 때문에 푸딩과 젤리(jelly)를 혼동하기도 한다. 하지만 푸딩은 달걀을 쓴다는 점에서 과일즙에 젤라틴(jelatin)만 넣은 젤리와는 차이가 있다. 푸딩은 주로 달걀을 응고제로 사용하지만 전분이나 밀가루가 응고제로 사용되는 경우도 있다. 빵·건포도·과일·초콜릿·쌀·고기·채소 등 다양한 재료로 푸딩을 만들 수 있지만 디저트로는 브레드 푸딩(bread pudding), 라이스 푸딩(rice pudding), 레몬크림 푸딩(lemon cream pudding), 초콜릿 푸딩(chocolate pudding) 등이 대표적이다.

### (3) 젤라틴 디저트(gelatin desserts)

젤라틴 디저트는 찬물에 젤라틴 가루(gelatin powder)나 젤라틴 시트를 넣고 녹인 다음 다시 따뜻한 물을 부어 완전히 녹이고, 각종 과일이나 채소 등의 재료를 넣고 모형틀에 부어서 굳힌 것이다. 이외에도 젤라틴에 달걀흰자를 거품 내어 섞고 굳힌 스펀지(sponge), 젤라틴 액체를 식혀서 굳기 시작할 때 거품기로 거품을 낸 후 모형틀에 넣고 굳힌 휩스(whips) 등이 있다.

### (4) 수플레(soufflé)

수플레는 커스터드를 가볍게 구운 것으로 치즈나 흰살 생선을 넣어 앙트레(entrée)로 제공되기도 하지만 주로 디저트로 이용된다. 디저트용 수플레에는 초콜릿·커피·과일·레몬·

바닐라·각종 견과류 등을 이용한다. 수플레의 감촉을 부드럽게 하고 잘 부풀게 하려면 달걀흰자를 충분히 거품 내고 온도를 정확하게 맞춰 구워야 하며, 완성된 후에는 바로 대접해야 한다. 따뜻하게 제공하는 수플레 외에도 젤라틴, 무스(mousses), 바바루아(bavarois)를 기초로 한 콜드 수플레가 있다.

### (5) 프로즌 디저트(frozen desserts)

프로즌 디저트는 입안에서 차게 느껴지므로 보통 다른 후식보다는 덜 달고 향기가 있게 만들어야 하고, 때에 따라서는 안정제를 첨가하여 모양이 흐트러지지 않게 해야 한다. 프로즌 디저트의 종류는 매우 다양하지만 크게 두 가지로 분류할 수 있다.

첫째, 과일 주스나 퓌레에 와인 또는 리큐어, 설탕, 향료 등을 섞어 만든 셔벗류(sherbets)로 묽은 과즙의 당도를 높여 얼린 아이스(ice), 길다란 디저트 잔에 잘게 부순 얼음과 시럽 또는 색깔 있는 젤리를 여러 층으로 담고 휘핑 크림을 거품 내어 장식한 프라페(frappée), 과즙을 저으면서 거친 얼음의 질감이 나도록 얼린 그래니트(granite) 등이 있다. 그래니트는 불어로 소르베(sorbet)라고 하는데, 이는 긴 정찬 코스 도중 쉬기도 할 겸, 다음 코스를 위해 입가심도 할 겸 먹는 와인을 첨가하여 만든 사각사각한 얼음조각이다. 보통 꼬냑이나 칼바도스를 셔벗 위에 부어서 먹는다.

둘째, 달걀·우유 또는 크림과 같이 농후한 재료와 설탕을 기초로 한 아이스크림류이다. 플레인 아이스크림(plain ice cream)은 묽은 크림·설탕·바닐라 등의 향료를 섞어서 얼린 것이고, 커스터드 아이스크림(custard ice cream)은 우유·설탕·달걀로 커스터드를 만들고 여기에 크림을 넣어 얼린 것이다. 프렌치 아이스크림(french ice cream)은 커스터드 아이스크림보다 달걀을 많이 넣어 얼린 것이다. 이외에도 달걀을 적게 넣고 녹말가루와 밀가루를 넣어 만든 아메리칸 아이스크림(american ice cream), 여러 종류의 아이스크림을 층층이 덮어 얼린 이탈리안 아이스크림(italian ice cream) 등이 있다.

### (6) 무스(mousses)

무스는 불어로 '거품'이라는 뜻을 가지고 있는데, 그 이름처럼 거품과 같이 부드럽고 혀에 닿으면 녹는 성질을 가진 차가운 디저트이다. 크림과 달걀을 주재료로 하여 모형틀에 붓고 차게 굳혀 만들며 초콜릿·과일·커피 등을 재료로 한 가볍고 부드러운 디저트로 재료에 따라 그 맛과 향이 매우 다양하다. 최근 우리나라의 유명 레스토랑이나 베이커리 숍에서는 오미자, 단감, 솔잎 등 향이나 색감이 좋은 전통 식재료를 이용한 독특한 무스를 선보이고 있다.

#### (7) 비스킷 반죽으로 만든 디저트

비스킷 반죽을 베이스로 한 디저트는 비스킷 기본 반죽에 설탕과 달걀을 첨가하여 아주 달게 구워 낸 것으로, 생과일이나 설탕에 졸인 과일을 함께 낸다. 쇼트 케이크(short cake), 애플 케이크(apple cake) 등이 이에 속한다.

#### (8) 프리터(fritters)

프리터는 바나나·사과·딸기 등 각종 과일에 묽은 밀가루 반죽(batter)을 입혀 튀겨 낸 후 파우더 슈거(powdered sugar)를 뿌리거나, 시럽과 함께 내는 디저트라 뜨겁게 또는 차갑게 제공할 수 있다. 고기·생선·채소를 이용한 프리터는 앙트레용으로 이용된다.

#### (9) 페이스트리(pastry)

페이스트리는 덴마크의 대표적인 빵으로 '구운 과자'라는 뜻을 가지고 있다. 지방 함량이 높고 질감은 바삭바삭하며 잘 부스러지는 것이 페이스트리의 특징이다. 페이스트리는 크게 세 가지로 나눌 수 있다. 첫 번째는 파이 크러스트(pie crust)나 타르트(tart)의 밑반죽에 이용되는 쇼트 페이스트리(short pastry or plain pastry), 두 번째는 반죽 과정에 밀어 펴기(rolling)와 접기(folding)를 반복하여 굽는 동안 수백 겹의 층을 이루며 부풀게 되는 퍼프 페이스트리(puff pastry), 마지막으로 다른 페이스트리와 달리 반죽을 익혀서 만드는 슈 페이스트리(choux pastry)가 있다.

#### (10) 치즈

프랑스인에게 치즈 코스는 정찬 중에서 빼놓을 수 없는 것으로 보통 샐러드 후에 제공되거나 로스트(roast) 코스 이후에 레드 와인과 함께 서빙된다. 또한 달콤한 후식을 먹고 난 후 사과·배·포도·멜론 등과 같은 생과일과 함께 제공되기도 한다. 보통 디저트용으로는 까

망베르나 브리, 로크포르 등의 연질 치즈가 이용된다. 서빙 시에는 커다란 나무 도마 위에 각종 치즈를 얹어 손님들에게 돌리는데 본인이 원하는 종류의 치즈를 잘라서 덜어 가며 식사 중 남은 바게트와 와인을 함께 먹으며 식사를 마무리한다.

치즈는 우유에 레닛(rennet) 또는 응유효소를 첨가하여 카제인(casein)과 지방을 응고시켜 얻은 커드(curd)를 덩어리로 만든 다음 발효균이나 곰팡이 등으로 숙성시켜 만든 발효식품이다. 덴마크를 중심으로 유럽과 북미·남미 등 각국의 식생활에서 중요한 위치를 차지하고 있는 치즈는, 디저트뿐만 아니라 조미용이나 식사용 등 용도가 광범위하고 종류도 매우 다양하다. 치즈는 수분 함량의 차이에 따른 굳기와 숙성 방법에 따라 다음과 같이 분류한다.

- **고경질 치즈(hard cheese)** 수분 함량이 25~30%로 매우 딱딱하며 분말 치즈로 많이 이용된다. 파마산 치즈(parmesan cheese)와 로마노 치즈(romano cheese)가 여기에 속한다. 샐러드 위에 뿌리는 용도로 많이 사용된다.
- **경질 치즈(hard cheese)** 수분이 30~40% 함유되어 있다. 체더 치즈(cheddar cheese), 고우다 치즈(gouda cheese), 에멘탈 치즈(emmenthal cheese) 등이 있으며 에멘탈 치즈에는 가스 구멍이 있는 것이 특징이다. 경질 치즈는 음식의 부재료로 이용되기도 하지만 그냥 먹어도 손색이 없다.
- **반경질 치즈(semi hard cheese)** 수분이 38~45%인 치즈로 발효균으로 숙성시킨 것으로 {(예: 브릭 치즈(brick cheese), 림버거 치즈(limburger cheese)} 등이 있고, 곰팡이로 숙성시킨 로크포르 치즈(roquefort cheese)와 블루치즈(blue cheese) 등이 있다.
- **연질 치즈(soft cheese)** 수분이 40~60%인 치즈로 카망베르 치즈(camembert cheese)와 같이 숙성시킨 것과 코티지 치즈(cottage cheese)처럼 숙성시키지 않고 바로 만들어 먹는 것이 있다. 이들은 후식용으로 제공하기에 매우 좋은 치즈이다.

## 질감에 따라 분류한 여러 가지 종류의 치즈

### 경질 치즈(hard cheese)

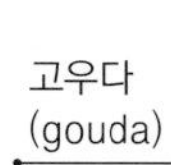
고우다
(gouda)

체더
(cheddar)

파마산
(parmesan)

에담
(edam)

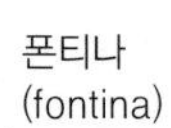
폰티나
(fontina)

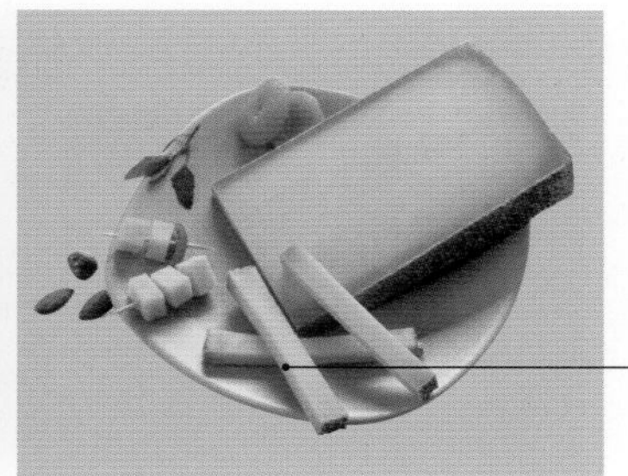

그뤼에르
(gruyere)

퀘소 블란코
(queso Blanco)

로마노
(romano)

### 반경질 치즈(semi hard cheese)

### 연질 치즈(soft cheese)

## 서양요리에 주로 사용되는 견과류 및 열매류

*Crème Brûlée*

# 크렘 브륄레

재료 및 분량 | **8개 분량** |

달걀노른자 8개, 설탕 125g, 바닐라 빈 2개, 생크림 1L, 갈색 설탕 약간

만드는 법

1. 볼에 달걀노른자를 넣고 잘 섞은 후, 설탕을 넣고 크림색이 될 때까지 거품을 낸다.
2. 바닐라 빈을 길게 반으로 잘라 속을 긁어 **1**에 넣고, 생크림을 넣어 잘 섞은 후 고운 체에 내린다.
3. **2**에 바닐라빈 껍질을 넣고 24시간 동안 냉장 보관한다.
4. 직경 8~15cm, 높이 3cm의 납작한 원형 오븐 그릇에 **3**의 크림을 붓고 110℃로 예열한 오븐에 40~45분간 굽는다.
5. 흐르지 않고 찰랑거릴 정도가 되면 꺼내서 충분히 식도록 30분 이상 냉장 보관한다.
6. 서빙 전 **5**의 윗면에 갈색 설탕을 뿌리고 옆 가장자리를 닦은 후, 갈색이 나도록 토치 불로 그을려 낸다.

**TIP**

- 라즈베리나 블루베리, 카시스, 딸기와 같은 베리류와 곁들여 내기도 한다.
- 차가운 크림 커스터드와 따뜻한 캐러멜 토핑이 이루는 차갑고 따뜻한 온도, 달고 쓴맛, 부드럽고 바삭한 식감의 대조가 특징인 프랑스의 대표적인 디저트이다.
- 브륄레는 '타다(burn)'라는 뜻의 프랑스어이다.

*Tiramisu*

# 티라미수

### 재료 및 분량 | 6~8인분 |

달걀노른자 3개, 설탕 3T, 마스카포네 치즈 300g,
생크림 1⅔C, 카스텔라 200g, 커피(에스프레소) 1C,
술(칼루아) 3T, 코코아 파우더 100g,
장식용 민트잎과 오렌지 과육(section 썰기 한 것)

### 만드는 법

1 달걀노른자와 설탕을 넣고 크림색이 나게 잘 섞는다.
2 마스카포네 치즈가 부드러워지게 한 다음, **1**과 혼합하고 거품기로 3분 정도 섞어 크림 상태로 만든다. 냉장고에 1시간 동안 차게 둔다.
3 생크림을 90% 정도 휘핑하여 **2**와 섞는다.
4 카스텔라를 두께 0.8cm로 자르고, 커피와 술을 섞은 것에 적셔 티라미수 그릇에 한 켜 깔고 **3**의 크림을 얹는다. 반복하여 커피술에 적신 카스텔라와 크림을 얹어 준다. 그릇 윗면은 크림으로 평평하게 마무리하여 냉장고에 2시간 이상 넣어 둔다.
5 냉장고에서 꺼낸 **4**의 윗면에 코코아 파우더가 덮이도록 체를 이용하여 뿌린 후, 적당한 크기로 잘라 민트잎과 오렌지 과육으로 장식하여 낸다.

*Banana Crêpe*

# 바나나 크레이프

### 재료 및 분량 | **4인분** |

생크림 ⅔C, 바나나 3개, 슈거 파우더 2T,
레몬 주스 2t, 너트메그 1t,
장식용 피칸·민트·라즈베리

**크레이프(18cm, 8장 분량)**

**박력분 60g, 달걀 2개, 우유 140mL, 생크림 1T**

① 두 번 체 친 밀가루를 볼에 담고 달걀, 우유, 생크림 섞은 것을 넣고 부드럽게 혼합한 후 냉장고에 1시간 정도 둔다.
② 18cm 팬에 식용유를 약간 두르고 얇게 펴서 크레이프를 만든다.

### 만드는 법

1 생크림을 볼에 넣고 부드러운 피크가 생길 때까지(80% 휘핑) 거품을 낸다.
2 다른 볼에 바나나를 2개 넣고 으깬 다음 파우더 슈거와 레몬 주스를 넣고 섞는다.
3 **1**의 휘핑크림을 **2**에 넣고 가볍게 섞은 후, 너트메그를 넣는다.
4 남은 바나나 1개를 둥글고 얇게 썰어 크레이프에 나누어 넣고, 부채꼴 모양으로 접어 접시에 담는다. 그 위에 **3**의 바나나 크림을 얹고 피칸이나 민트, 라즈베리로 장식하여 낸다.

*Banana Split*

# 바나나 스필릿

## 재료 및 분량 |4인분|

바나나(단단한 것) 2개,
버터(녹인 것) ½T + 레몬즙 ½T,
장식용 민트잎과 시나몬 파우더

### 토핑

황설탕 1½T, 오트밀 1T, 호두 20g,
생강가루 ¼t, 버터(실온 보관) 1T

황설탕, 오트밀, 호두 다진 것, 생강가루, 버터를 잘 섞는다.

### 시나몬 크림

생크림 50cc, 슈거 파우더 ⅓t,
시나몬 파우더 ¼t

생크림에 슈거 파우더를 넣고 90% 정도 휘핑한 후, 시나몬 파우더를 넣고 잘 섞는다.

## 만드는 법

1 바나나의 껍질을 벗긴다. 버터와 레몬즙을 섞어 바나나에 바른 후 오븐용 팬에 가지런히 놓는다.
2 1의 바나나 위에 토핑을 얹고 190℃로 예열한 오븐에 20분 정도 굽는다.
3 2의 구운 바나나를 접시에 담고, 시나몬 크림과 민트잎을 곁들인 후 시나몬 파우더를 뿌려 장식한다.

*Lemon Mousses*

# 레몬 무스

### 재료 및 분량 |4인분|

달걀노른자 1개, 설탕 40g, 우유 45mL,
젤라틴(불린 것) 2장(4g), 크림치즈 150g,
레몬즙 35g, 레몬 제스트 10g, 생크림 90g,
설탕 10g, 카스텔라(사각형) 100g,
라즈베리 퓌레 또는 딸기 퓌레 ½C,
장식용 민트잎과 레몬(슬라이스한 것)

### 만드는 법

1 볼에 달걀노른자를 푼 다음 설탕을 넣고 크림색이 될 때까지 잘 섞는다.
2 **1**에 우유를 넣고 섞은 다음, 물에 불린 젤라틴을 넣어 중탕하고 젤라틴이 녹을 때까지 저어 가며 잘 섞는다.
3 크림치즈를 부드럽게 만든 후 레몬즙과 레몬 제스트, **2**를 넣고 잘 섞는다.
4 생크림은 설탕 10g과 섞고 잘 쳐서 90% 정도의 휘핑크림으로 만든 후 **3**과 섞는다.
5 카스텔라는 두께 0.8cm로 자른 후, 무스틀이나 레몬 그릇의 모양에 맞추어 밑에 깔고 라즈베리 퓌레를 카스텔라가 적셔질 정도로 붓는다. **4**의 크림을 윗면까지 매끄럽게 담아 냉장고에 1시간 이상 넣어 둔다.
6 **5**의 윗면을 민트잎과 슬라이스한 레몬으로 장식하여 낸다.

**TIP**

- 제스트(zest)는 향이 나는 감귤류의 가장 바깥쪽 표피를 말하며 필러(peeler)나 제스터(zester)로 색과 향이 있는 겉껍질을 벗겨 곱게 다지거나 채를 썰어 이용한다. 음식에 향을 더해 주는 레몬 제스트나 오렌지 제스트는 생선요리나 디저트에 주로 사용한다.

*Lemon Sherbet*

# 레몬 셔벗

재료 및 분량 | **3인분** |

레몬(레몬즙 + 제스트용) 2개, 설탕 1½C,
우유 1½C, 생크림 2C, 레몬향(lemon extract) 2t,
레몬(그릇용) 3개

만드는 법

**1** 레몬 2개를 소금으로 문질러 씻은 다음, 껍질은 곱게 다져 레몬 제스트로 만들고, 속은 즙을 짜 놓는다.
**2** 냄비에 **1**의 레몬즙과 설탕, 우유를 섞어 80℃ 정도까지 가열한다.
**3** **2**에 90% 휘핑한 생크림과 레몬향을 넣고 섞은 다음, 냉장고에 1시간 이상 두었다가 아이스크림 프리저(freezer)에 넣고 2시간 정도 돌려 셔벗을 만든다.
**4** 레몬의 ⅔ 되는 부분을 잘라 윗부분은 뚜껑으로 사용하고, 밑부분은 속을 파내어 그릇으로 쓴다. 레몬 밑부분에 **3**의 셔벗을 듬뿍 담고 윗부분의 뚜껑을 셔벗 위에 얹어 낸다.

TIP

- 아이스크림 프리저가 없다면, 레몬 혼합물을 냉동고에 얼렸다가 푸드 프로세서나 아이스 크러시 믹서(ice crush mixer)에 갈면 신선한 셔벗을 맛볼 수 있다. 단, 프리저에서 만든 것보다 셔벗이 빨리 녹는다.

*Granola Bar*

# 그래놀라 바

### 재료 및 분량 | **10개 분량** |

호두(또는 피칸) ½C, 아몬드 ½C, 캐슈너트 1C,
해바라기씨 ¼C, 블루베리 또는 크린베리(말린 것) ½C,
메이플시럽(또는 꿀) 5T, 포도씨오일 1T, 버터 1T

### 만드는 법

1 견과류와 베리류, 과일 말린 것을 굵게 다져 놓는다.
2 팬에 메이플시럽과 포도씨오일, 버터를 넣고 잘 섞으며 끓인다.
3 **2**의 시럽에 **1**의 재료를 넣고 고루 섞는다.
4 15cm 크기 정사각형 오븐 팬에 **3**을 펼쳐 담고, 170℃로 예열한 오븐에 15~20분 정도 굽는다.
5 한 김 식힌 후 **4**를 팬에서 꺼내어 사각형으로 만들고 다시 완전히 식혀 길이 7cm의 바(bar) 모양으로 잘라 준다.

*Sangria*

# 상그리아

## 재료 및 분량 |저그 1L 분량|

시럽 ¼C(물 30g + 설탕 30g), 오렌지주스 1컵, 레드와인 1병(750mL), 탄산수(선택), 얼음

**과일 밑준비**

사과 1개, 오렌지 1개, 레몬 1~2개, 굵은 소금 약간

굵은 소금으로 사과, 오렌지, 레몬의 껍질을 문질러 씻은 후 껍질째 이용한다.

① 사과: 세로로 얇은 웨지 슬라이스(16등분 정도)

② 오렌지: 둥근 모양을 살려서 5mm 정도로 얇게 슬라이스

③ 레몬: 세로로 얇은 웨지 슬라이스(8등분 정도)

## 만드는 법

1 냄비에 동량의 설탕과 물을 넣은 후, 젓지 않고 끓여서 시럽을 만든다.

2 1의 시럽과 오렌지주스, 레드와인을 잘 섞는다.

3 저그에 준비된 과일을 채운 후, 2를 붓고 저그를 랩으로 덮는다. 냉장고에 3시간 이상 넣어 두어 과일향이 충분히 배게 한다.

4 제공하기 전에 3의 랩을 벗기고 탄산수를 넣어 가볍게 저어 준다.

5 개인 잔에 저그 속 과일을 꺼내어 담고 얼음을 넣은 후, 4의 상그리아를 따라서 제공한다.

**TIP**

- 상그리아는 만든 후 냉장고에서 일정 시간 이상 또는 하룻밤 정도는 숙성시키는 것이 좋다. 숙성 과정을 거쳐야 맛과 향이 증가하기 때문이다.

## *Vin Chaud*

# 뱅 쇼

재료 및 분량 | **6~8인분** |

레드와인 1병(750mL), 정향(cloves) 8개,
팔각(anise) 3개, 시나몬 스틱 3개,
설탕 또는 꿀(optional) ½C

**과일 밑준비**

사과 1개, 오렌지 1개, 레몬 1개, 굵은 소금 약간

굵은 소금으로 사과, 오렌지, 레몬의 껍질을 문질러 씻은 후 껍질째 이용한다.
① 사과: 세로로 얇은 웨지 슬라이스(8등분 정도)
② 오렌지: 둥근 모양을 살려서 5mm 정도로 얇게 슬라이스
③ 레몬: 세로로 얇은 웨지 슬라이스(8등분 정도)

만드는 법

1 냄비에 준비된 과일, 레드와인, 정향, 팔각, 시나몬 스틱을 넣고 중약불에서 1시간 정도 뭉근하게 끓인다.
2 1을 고운 체로 걸러 서빙할 컵에 붓고 함께 끓여 걸러 낸 재료들을 이용하여 장식한다.
3 기호에 따라 설탕이나 꿀을 첨가해서 마신다.

**TIP**

- 뱅 쇼는 프랑스어의 'vin(와인)'과 'chaud(뜨거운, 따뜻한)'가 합쳐진 이름으로 프랑스에서 즐기는 겨울 음료이다. 독일에서는 글뤼바인(gluhwein), 영어로는 멀드와인(mulled wine)이라고 부른다. 보통 오렌지, 레몬, 사과 등 비타민 C가 풍부한 과일을 이용하고 와인은 단맛이 나는 것을 선택하는 것이 좋다. 뱅 쇼는 가열 도중 알코올 성분이 제거되므로 가열 시간에 따라 알코올 함량을 조절할 수 있다. 알코올 성분이 남아 있게 하려면 10분 정도 데운다는 느낌으로 끓이고, 알코올 성분을 제거하고자 한다면 30분에서 1시간 정도를 끓인다. 과일의 맛이 잘 우러나게 하려면, 과일에 와인을 부어 가열하기 전에 3~4시간 놓아 두는 것이 좋다. 센 불에서 급하게 끓이면 과일의 맛과 향이 배어 나오지 않으므로 중약불을 이용한다.

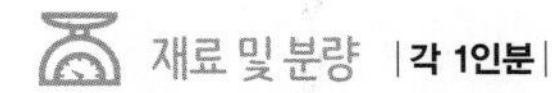

# 썸머 버진 칵테일

재료 및 분량 |**각 1인분**|

**모히토(Mojito)** 라임 1개, 애플민트 10g, 라임즙 2T, 시럽 1T, 탄산수(또는 진저에일) ½C, 얼음, 굵은 소금(또는 베이킹소다)

**피나 콜라다(Pina Colada)** 파인애플(chunk) ½C, 코코넛크림(또는 코코넛 밀크) ⅓C, 파인애플주스 ⅓C, 설탕(또는 꿀) 1T, 얼음 3~4조각, 장식용 파인애플(ring)

**레인보우 칵테일(Rainbow Cocktail)**
① 빨강: 석류청 4T + 탄산수 2T
② 노랑: 레몬청(또는 자몽청) 4T + 탄산수 2T
③ 파랑: 레몬청 3T+ 블루 큐라소 시럽 1T + 4T + 탄산수 2T

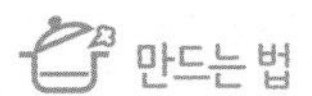

**모히토**

1. 굵은 소금이나 베이킹소다로 흐르는 물에 라임을 깨끗이 씻는다.
2. 1의 라임을 껍질째 반으로 자른 후, 반은 라임즙을 짜고 나머지 반은 얇게 슬라이스한다.
3. 장식용 라임과 애플민트를 5잎 정도 남겨 두고 칵테일 컵에 슬라이스한 라임과 애플민트, 라임즙, 시럽을 넣고 라임과 애플민트의 향이 충분히 나도록 포크로 꾹꾹 눌러 준다.
4. 3에 얼음을 가득 채우고 탄산수를 부은 후, 남겨 둔 라임과 애플민트로 장식하여 낸다.

**피나 콜라다**

1. 블랜더에 파인애플 청크와 코코넛크림, 파인애플 주스, 설탕, 얼음을 모두 넣고 갈아 준다.
2. 칵테일 컵에 1을 담은 후, 파인애플 링으로 장식하여 완성한다.

**레인보우 칵테일**

1. 색깔별로 필요한 재료를 섞어 얼음틀에 각각 넣고 2시간 정도 얼린다.
2. 얼려진 음료를 블랜더에 색깔별로 갈아 투명한 칵테일 컵에 '빨강, 노랑, 파랑' 순으로 층층이 얹어서 바로 낸다.

**TIP**

- 버진 칵테일(virgin cocktail)이란 10% 이하의 알코올 성분이 들어가거나 술이 전혀 들어가지 않은 논알코올 칵테일을 의미한다. '칵테일을 흉내 낸다'라는 의미로 'mock'과 'cocktail'을 혼합하여 'mocktail'이라고도 한다. 본래 모히토와 피나 콜라다에는 화이트 럼이 들어가며 레인보우 칵테일은 재료마다 알코올 도수에 따른 비중과 색을 고려하여 깔루아, 블루 큐라소, 슬로진, 그라나다인, 아마레토, 미도리 등 다양한 칵테일 재료를 섞어 만든다.
- 큐라소(curaçao)는 오렌지향이 나는 리큐어 중 하나로 칵테일이나 음료에 이용하는데 보통 파란색으로 착색하여 독특한 느낌을 낸다.

# CHAPTER 5
# PREPARING FOR CERTIFICATION

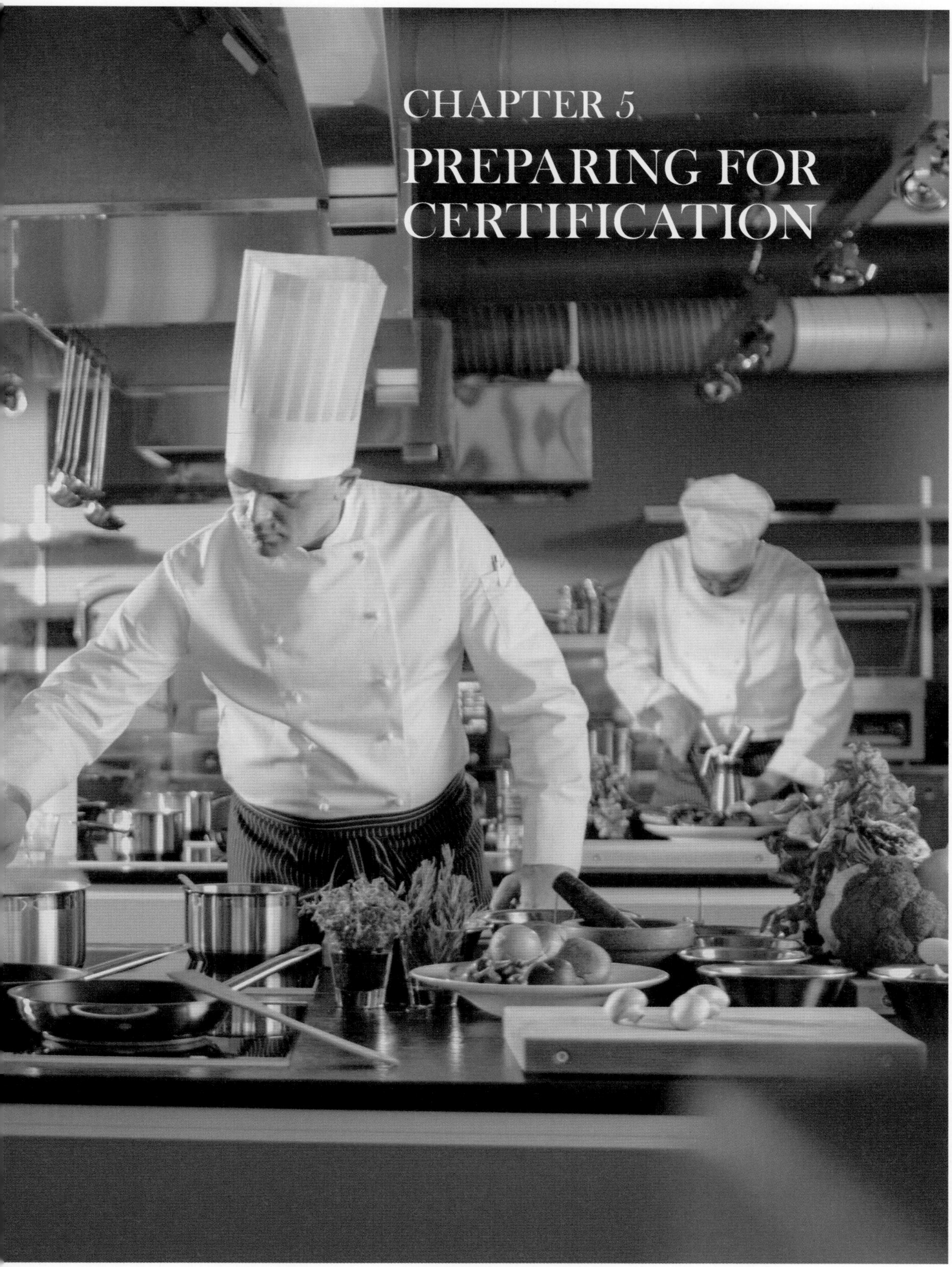

# 쉬림프 카나페

## Shrimp Canape

시험시간 30분

**요구사항**

※ 주어진 재료를 사용하여 다음과 같이 쉬림프 카나페를 만드시오.

- 새우는 내장을 제거한 후 미르포아(mirepoix)를 넣고 삶아서 껍질을 제거하시오.
- 달걀은 완숙으로 삶아 사용하시오.
- 식빵은 직경 4cm 정도의 원형으로 하고 4개 제출하시오.

**수험자 유의사항**

- 새우를 부서지지 않도록 하고 달걀 삶기에 유의한다.
- 식빵의 수분 흡수에 유의한다.

## 재료

새우 4마리(30~40g/마리당), 식빵 1조각, 달걀 1개, 파슬리 1줄기, 버터 30g, 토마토케첩 10g, 소금 5g, 흰 후춧가루 2g, 레몬 ⅛개, 이쑤시개 1개, 당근 15g, 셀러리 15g, 양파 ⅛개

## 만드는 법

1 새우는 머리와 내장을 제거한 다음 깨끗하게 씻어 끓는 물에 양파, 당근, 셀러리, 채친 미르포아에 넣고 1~2분간만 삶아 식히고 껍질을 벗긴다. ❶

2 식빵은 4등분한 뒤 4cm 원형으로 둥글게 잘라 토스트한다. ❷

3 달걀은 처음 3~4분간은 굴리면서 13분간 삶아 완숙하여 0.3cm 두께로 슬라이스한다.

4 토스트한 빵에 버터를 바르고 달걀을 얹은 후 새우를 얹은 다음 토마토케첩을 가운데 적당량만 끼얹는다.

5 파슬리로 위를 장식한다. ❸

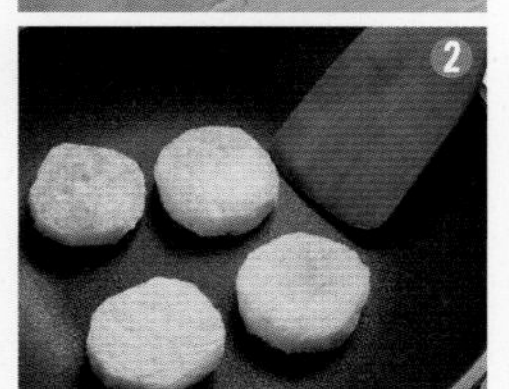

**TIP**

1 새우는 꼬챙이로 내장을 빼내고 껍질째 삶은 후 식힌 다음 껍질을 벗겨야 모양이 좋고 색깔도 좋다.
2 새우가 작을 때는 등쪽에 칼집을 넣어 펴서 사용하는 것이 좋다.
3 새우를 데칠 때 부케가르니, 향신료, 소금, 레몬 등을 첨가하면 더욱 맛있다.
4 식빵은 가장자리를 잘라내고 4등분한 후 조금씩 잘라가며 원형을 만들거나 틀로 둥글게 떠서 사용한다.
5 카나페는 오드볼의 일종으로 식전에 식욕을 돋우기 위하여 술과 함께 곁들여 내는 요리를 말한다.

# 스패니시 오믈렛

# *Spanish Omelet*

**요구사항**

※ 주어진 재료를 사용하여 다음과 같이 스패니시 오믈렛을 만드시오.

- 토마토, 양파, 청피망, 양송이, 베이컨은 0.5cm 정도의 크기로 썰어 오믈렛 소를 만드시오.
- 오믈렛은 타원형으로 만드시오.
- 나무젓가락과 팬을 이용하여 만드시오.
- 소를 흘러나오지 않도록 하시오.

**수험자 유의사항**

- 내용물이 고루 들어가고 터지지 않도록 유의한다.
- 오믈렛을 만들 때 타거나 단단해지지 않도록 한다.

## 재료

토마토 ¼개, 양파 ⅙개, 청피망 ⅙개, 양송이 10g, 베이컨 ½조각, 토마토케첩 20g, 검은 후춧가루 2g, 소금 5g, 달걀 3개, 식용유 20mL, 버터 20g, 생크림 20g

## 만드는 법

1 토마토를 끓는 물에 데친 후 껍질과 씨를 제거하고 사방 0.5cm 크기로 자른다.

2 양파, 피망, 양송이, 베이컨도 토마토와 같은 크기로 자른다. ❶

3 팬을 달군 후 베이컨을 볶다가 버터를 두르고 양파, 피망, 양송이, 토마토케첩을 넣고 조금 더 볶다가 소금과 후춧가루로 간을 한다.

4 달걀을 깨뜨려 생크림을 넣고 골고루 저은 후 체에 내린다. ❷

5 프라이팬에 식용유를 두르고 달군 후 중불로 낮추어 버터를 두르고 녹으면 잘 푼 달걀을 부어 젓가락으로 젓는다. 달걀이 부드럽게 익으면 중앙에 볶은 재료를 넣어 모양을 만든 다음 손으로 팬을 가볍게 치면서 타원형으로 오믈렛을 완성한다. ❸

**TIP**

1 달걀의 흰자와 노른자가 잘 섞이도록 골고루 저어서 체에 밭친다.
2 내용물을 오믈렛 속에 너무 많이 넣으면 터지기 쉬우므로 조심한다.
3 달걀이 익지 않거나 지나치게 익으면 오믈렛을 만들기에 부적당하므로 불 조절을 잘하고, 타원형이 잘 나오지 않으면 소창으로 감싸서 모양을 고정시켜 준다.
4 완성된 오믈렛은 딱딱하지 않고 부드러워야 하며 마무리로 위에 버터조각을 약간 발라 윤기를 낸다.
5 아침식사에 제공된다.

# 치즈 오믈렛

*Cheese Omelet*

**요구사항**

※ 주어진 재료를 사용하여 다음과 같이 치즈 오믈렛을 만드시오.

- 치즈는 사방 0.5cm 정도로 자르시오.
- 치즈가 들어가 있는 것을 알 수 있도록 하고, 익지 않은 달걀이 흐르지 않도록 만드시오.
- 나무젓가락과 팬을 이용하여 타원형으로 만드시오.

**수험자 유의사항**

- 익힌 오믈렛이 갈라지거나 굳어지지 않도록 유의한다.
- 오믈렛에서 익지 않은 달걀이 흐르지 않도록 유의한다.

## 재료

달걀 3개, 치즈 1장, 버터 30g, 식용유 20mL, 생크림 20g, 소금 2g

## 만드는 법

**1** 달걀을 깨뜨려 소금을 넣어 잘 저은 후 생크림을 넣어 체에 내린다. ❶❷

**2** 치즈는 사방 0.5cm 크기로 썬다. 치즈의 ½은 **1**에 섞는다.

**3** 프라이팬에 기름을 두르고 달구어진 팬에 불을 낮추고 버터를 넣어 녹으면 달걀을 넣어 젓가락으로 저으면서 부드러운 상태가 되면 ½의 치즈를 중심에 얹고 갸름한 모양을 만들어 손으로 팬을 쳐 가면서 익혀 낸다. ❸❹

**TIP**

1 달걀을 체에 거르고 생크림을 넣으면 오믈렛의 색이 곱게 나온다.
2 오믈렛은 풀어 놓은 달걀을 재빨리 부은 후 젓가락으로 골고루 저어서 스크램블 에그의 상태를 잘 만들어야 속이 부드러워진다.
3 썬 치즈의 반 정도를 푼 달걀에 섞고 나머지로 속을 채우기도 한다.
4 완성된 오믈렛은 탄력이 있고 부드러워야 한다.

# 월도프 샐러드

## *Waldorf Salad*

시험시간 20분

**요구사항**

※ 주어진 재료를 사용하여 다음과 같이 월도프 샐러드를 만드시오.

- 사과, 셀러리, 호두알을 사방 1cm 정도의 크기로 써시오.
- 사과의 껍질을 벗겨 변색되지 않게 하고, 호두알의 속껍질을 벗겨 사용하시오.
- 상추를 깔고 놓으시오.

**수험자 유의사항**

- 사과의 변색에 유의한다.
- 조리작품 만드는 순서는 틀리지 않게 하여야 한다.

## 재료

사과 1개, 셀러리 30g, 호두 2개, 레몬 ¼개, 소금 2g, 흰 후춧가루 1g, 마요네즈 60g, 양상추 20g, 이쑤시개 1개

## 만드는 법

1 사과는 껍질을 벗기고 속의 씨도 빼낸 후 사방 1cm 크기로 썰어 레몬물에 담가 둔다. ❶

2 셀러리도 연한 줄기 부분을 골라서 껍질을 벗기고 사방 1cm 정도로 자른다. ❷

3 호두는 미지근한 물에 불려 꼬지로 속껍질을 벗긴 다음 1cm 크기로 썰고, 일부는 다져 둔다. ❸

4 사과는 체에 건져 수분을 제거하고 셀러리, 호두에 마요네즈 소스와 레몬즙을 넣어 무치고, 소금, 후춧가루로 간을 해서 양상추를 깐 접시 위에 담고 다진 호두를 뿌린다. ❹

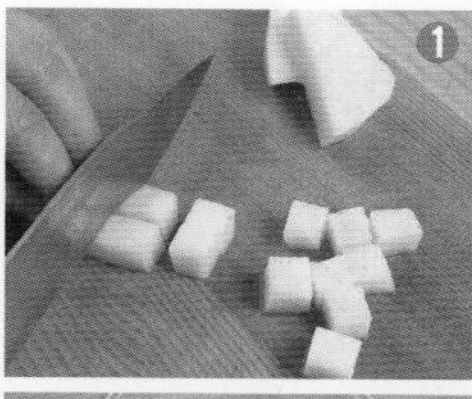

**TIP**

1 사과의 변색을 막기 위해 설탕물에 레몬즙을 타서 준비한 후 썰어 놓은 사과를 담가 둔다.
2 사과를 썰어서 즉시 마요네즈에 섞으면 설탕물에 담그지 않아도 색깔이 변하지 않는다.
3 마요네즈를 지나치게 많이 넣지 말고 마요네즈와 내용물이 고루 섞이도록 잘 버무린다.
4 월도프(Waldorf)란 뉴욕의 한 호텔의 이름으로, 이곳에서 처음 이 샐러드를 만들었다.

# 포테이토 샐러드

## Potato Salad

**요구사항**

※ 주어진 재료를 사용하여 다음과 같이 포테이토 샐러드를 만드시오.

- 감자는 껍질을 벗긴 후 1cm 정도의 정육면체로 썰어서 삶으시오.
- 양파는 곱게 다져 매운맛을 제거하시오.
- 파슬리는 다져서 사용하시오.

**수험자 유의사항**

- 감자는 잘 익고 부서지지 않도록 유의하고 양파의 매운맛 제거에 유의한다.
- 양파와 파슬리는 뭉치지 않도록 버무린다.

### 재료

감자 1개, 양파 ⅙개, 파슬리 1줄기, 소금 5g, 흰 후춧가루 1g, 마요네즈 50g

### 만드는 법

1 감자는 씻어 껍질을 벗기고 1cm 크기의 정육면체로 자른다.

2 찬물에 감자와 약간의 소금을 넣고 뚜껑을 덮고 삶아 익으면 체에 건져 내어 식힌다.

3 양파와 파슬리는 곱게 다져서 각각 면포에 싸서 흐르는 물에 씻어 양파는 살짝 짜고, 파슬리는 꼭 짠다. ❶❷

4 감자, 양파, 파슬리가루를 넣어 마요네즈 소스로 버무린 다음 소금, 후춧가루로 간을 하고 접시에 담은 후 파슬리가루를 뿌린다. ❸

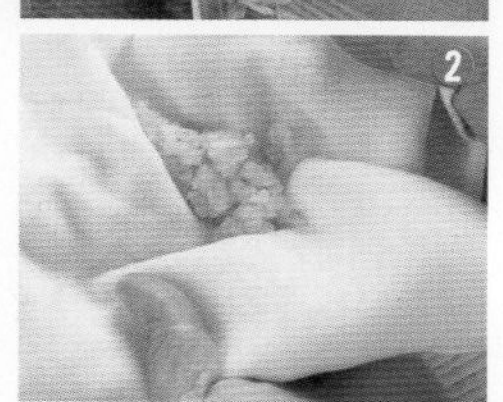

**TIP**

1 감자는 모양이 일정하고 완전히 익어야 한다.

2 감자는 삶아서 체에 밭쳐 물기를 제거한 후 마요네즈 소스로 버무린다.

3 파슬리는 물에 헹궈 짜지 않으면 샐러드에 파란 물이 배어 나온다.

4 다진 양파를 물에 헹궈 짜지 않으면 양파 냄새가 심하고 즙이 배어 나와 좋지 않다.

# BLT 샌드위치

# *Bacon, Lettuce, Tomato Sandwich*

시험시간 30분

**요구사항**

※ 주어진 재료를 사용하여 다음과 같이 BLT 샌드위치를 만드시오.

- 빵은 구워서 사용하시오.
- 토마토는 0.5cm 정도의 두께로 썰고, 베이컨은 구워서 사용하시오.
- 완성품은 모양 있게 썰어 전량을 내시오.

**수험자 유의사항**

- 베이컨의 굽는 정도와 기름 제거에 유의한다.
- 샌드위치의 모양이 나빠지지 않도록 썰 때 유의한다.

## 재료

식빵 3조각, 양상추 20g, 토마토 ½개, 베이컨 2조각, 마요네즈 30g, 소금 3g, 검은 후춧가루 1g

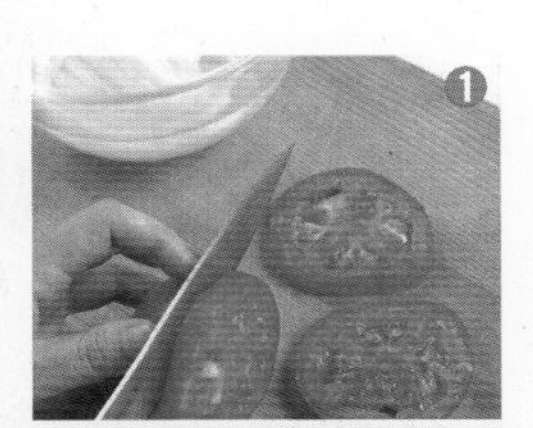

## 만드는 법

1 토마토는 0.5cm 두께의 링 모양으로 썰어 소금, 후춧가루를 뿌린 후 물기를 제거해 둔다. ❶

2 양상추는 씻은 후 물기를 제거한다.

3 팬에 기름을 두르지 않고 빵의 양면을 토스트한다. ❷

4 베이컨은 기름 없는 팬에 잘 구워서 흡수지에 놓고 기름을 뺀다(너무 익으면 딱딱해진다). ❸

5 빵 2장은 한쪽 면에, 1장은 양쪽 면에 마요네즈를 바른다.

6 마요네즈를 바른 빵 위에 양상추를 얹고 베이컨을 얹은 후 양면에 마요네즈를 바른 빵을 덮고, 양상추를 얹고 토마토를 얹고 빵을 얹는다.

7 깨끗한 면포로 싸서 빵의 모양이 잡히도록 살짝 눌러 준 후 이쑤시개로 샌드위치를 고정시킨다. 가장자리를 자르고 4등분하여 완성그릇에 담아낸다. ❹

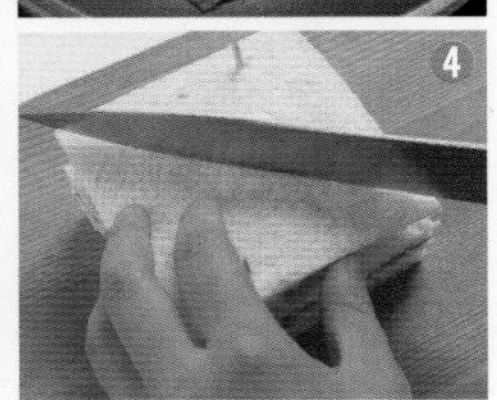



**TIP**

1 식빵을 토스트할 때 색이 골고루 나도록 돌려가면서 굽는다.
2 베이컨을 너무 바싹 구우면 잘 썰리지 않으므로 알맞게 굽는다.
3 빵에 마요네즈를 너무 많이 바르면 자를 때 마요네즈가 밀려 나와 깨끗하지 않으므로 주의한다.
4 빵을 자를 때 매끈한 모양이 나오려면 칼이 잘 들어야 한다.
5 가장자리를 가지런히 하는 정도로 조금만 절단한다.
6 빵이 눌리지 않도록 조심한다.
7 BLT란 베이컨, 양상추, 토마토를 넣어 만든 샌드위치를 말한다.

# 햄버거 샌드위치

# Hamburger Sandwich

**요구사항**

※ 주어진 재료를 사용하여 다음과 같이 햄버거 샌드위치를 만드시오.

- 빵은 버터를 발라 구워서 사용하시오.
- 구워진 고기의 두께는 1cm 정도로 하시오.
- 토마토, 양파는 0.5cm 정도의 두께로 썰고 양상추는 빵 크기에 맞추시오.
- 빵 사이에 위의 재료를 넣어 반 잘라 내시오.

**수험자 유의사항**

- 베이컨의 굽는 정도와 기름 제거에 유의한다.
- 샌드위치의 모양이 나빠지지 않도록 썰 때 유의한다.

## 재료

쇠고기 100g, 양파 1개, 빵가루 30g, 셀러리 30g, 소금 3g, 검은 후춧가루 1g, 양상추 20g, 토마토 ½개, 버터 15g, 햄버거 빵 1개, 식용유 20mL, 달걀 1개

## 만드는 법

1 양파와 셀러리는 씻어 셀러리는 줄기의 껍질을 제거하고 둘 다 각각 곱게 다져 식용유에 살짝 볶는다. ❶

2 토마토는 0.5cm 두께로 썰어 소금과 후추를 뿌린 후 물기를 제거하고, 양파의 일부도 두께 0.5cm로 썬다. ❷

3 다진 고기에 양파와 셀러리를 다져 볶은 것을 넣고 달걀, 빵가루, 소금, 후춧가루를 합하여 끈기가 나도록 치대어 준다.

4 반죽한 고기의 크기는 빵보다 직경 1cm 크게, 두께 0.7cm 되도록 둥글 납작하게 모양을 만들고 프라이팬에 기름을 두른 후 속이 익되 타지 않게 지진다. ❸

5 햄버거 빵은 버터에 토스트한 후 버터를 바르고 양상추 한 잎을 깐 후, 구운 고기, 양파와 토마토를 차례로 얹은 다음 빵으로 덮고 반으로 잘라 접시에 담는다.

**TIP**

1 양파와 셀러리는 곱게 다지고 고기 반죽도 끈기가 날 때까지 충분히 치대어 반죽한다.

2 고기는 익히기 전의 크기가 빵의 크기보다 좀 더 커야 익은 후에 빵 크기와 맞는다.

# 브라운 스톡

## Brown Stock

**요구사항**

※ 주어진 재료를 사용하여 다음과 같이 브라운 스톡을 만드시오.

- 스톡은 맑고 갈색이 되도록 하시오.
- 소뼈는 찬물에 담가 핏물을 제거한 후 구워서 사용하시오.
- 향신료로 사셰 데피스(sachet d'epice)를 만들어 사용하시오.
- 완성된 스톡의 양이 200mL정도 되도록 하여 볼에 담아내시오.

**수험자 유의사항**

- 불 조절에 유의한다.
- 스톡이 끓을 때 생기는 거품을 걷어 내야 한다.

## 재료

소뼈 150g, 양파 ½개, 당근 40g, 셀러리 30g, 검은 통후추 4개, 토마토 1개, 파슬리 1줄기, 월계수잎 1개, 타임 1줄기, 정향 1개, 버터 5g, 식용유 50mL, 면실 30cm, 다시백 1개(10×12cm)

## 만드는 법

1 소뼈는 찬물에 담가 핏물을 뺀 후 살과 지방을 제거하고 끓는 물에 데쳐 낸다. 프라이팬에 식용유를 두르고 소뼈를 갈색이 날 때까지 열을 가한다. ❶

2 양파, 당근, 샐러리는 0.3cm 두께로 채 썰어 갈색이 나도록 볶는다. ❷

3 냄비에 각각 볶은 소뼈와 채소에 물 2컵을 부은 후 월계수잎, 통후추, 정향, 파슬리 줄기를 넣고 뭉근하게 오래 끓인다. ❸

4 끓이는 중간중간 기름기나 거품을 걷어 내고 맛이 충분히 우러나면 면포 여러 겹에 거른다. ❹

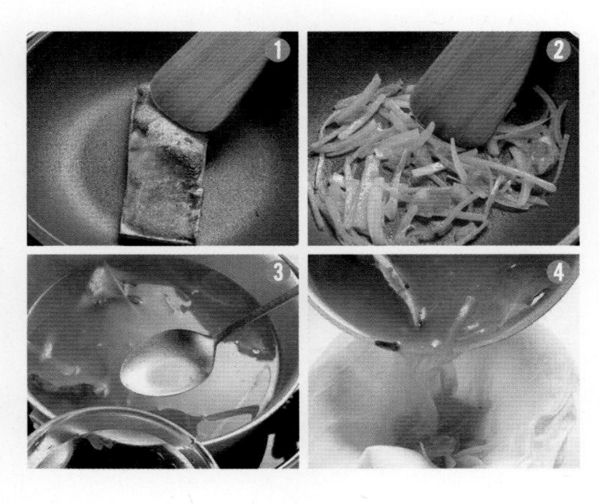


TIP

1 소뼈와 채소는 태우지 않고 잘 구워야 좋은 색깔과 육수를 얻을 수 있다.
2 채소는 큼직하면서 일정한 모양이 나도록 자른다.
3 거품과 위에 뜨는 기름은 수시로 걷어낸다.
4 브라운 스톡은 브라운 소스의 기본 재료이다.

# 이탈리안 미트 소스

# Italian Meat Sauce

**요구사항**

※ 주어진 재료를 사용하여 다음과 같이 이탈리안 미트 소스를 만드시오.

- 모든 재료는 다져서 사용하시오.
- 그릇에 담고 파슬리 다진 것을 뿌려내시오.
- 소스는 150mL 정도 제출하시오.

**수험자 유의사항**

- 소스의 농도에 유의한다.
- 조리작품 만드는 순서는 틀리지 않게 하여야 한다.

## 재료

양파 ½개, 쇠고기 60g, 마늘 1쪽, 캔 토마토 30g, 버터 10g, 토마토 페이스트 30g, 월계수잎 1잎, 파슬리 1줄기, 소금 2g, 검은 후춧가루 2g, 셀러리 30g

## 만드는 법

1 양파, 마늘, 셀러리는 다진다. ❶

2 토마토는 끓는 물에 데쳐 껍질을 벗기고 씨를 제거한 후 다진다.

3 프라이팬에 버터를 두르고 뜨거워지면 양파, 마늘, 셀러리 순으로 볶다가 고기를 넣어 볶는다. 여기에 토마토 페이스트를 넣고 불을 약하게 하여 충분히 볶으면서 토마토를 넣는다. 육수를 적당량 붓고 월계수잎을 넣어 끓인 후 월계수잎을 꺼낸다. ❷~❺

4 소스가 걸쭉해지면 소금, 후춧가루로 간을 하고 그릇에 담고 다져서 물기를 짠 파슬리를 뿌린다.

**TIP**

1 토마토 페이스트는 타지 않게 낮은 불에 오래 볶아야 신맛이 없어지고 좋은 색깔과 부드러운 맛을 낼 수 있다.
2 끓는 도중 위에 뜨는 기름과 거품을 깨끗이 제거해야 한다.
3 소스나 수프에 향신료를 넣을 때는 말린 것은 끓일 때 처음부터 넣고, 분말은 중간에 신선한 것은 완성 단계에 넣는 것이 좋다.
4 파슬리는 흐르는 물에 깨끗하게 씻고 잎을 따서 다진 후, 면포에 싸서 흐르는 물에 여러 번 헹구어 짜면 보슬보슬해진다.
5 이탈리안 미트 소스는 주로 스파게티 요리에 사용된다.

# 홀렌다이즈 소스

## *Hollandaise Sauce*

시험시간 25분

**요구사항**

※ 주어진 재료를 사용하여 다음과 같이 홀렌다이즈 소스를 만드시오.

- 양파, 식초를 이용하여 허브에센스를 만들어 사용하시오.
- 정제 버터를 만들어 사용하시오.
- 소스는 중탕으로 만들어 굳지 않게 그릇에 담아내시오.
- 소스는 100mL 정도 제출하시오.

**수험자 유의사항**

- 소스의 농도에 유의한다.
- 조리작품 만드는 순서는 틀리지 않게 하여야 한다.

## 재료

달걀 2개, 양파 ⅛개, 식초 20mL, 검은 통후추 3개, 버터 200g, 레몬 ¼개, 월계수잎 1잎, 파슬리 1줄기, 소금 2g, 흰 후춧가루 1g

## 만드는 법

1 버터는 용기에 담아 뜨거운 물에 중탕하여 녹인다. ❶
2 양파는 다지고 통후추는 으깬다.
3 달걀은 흰자, 노른자로 분리하여 노른자만 준비한다.
4 양파와 통후춧가루는 냄비에 담고 식초, 물 ¼컵 레몬, 파슬리줄기, 월계수잎을 넣고 끓여 2큰술 정도가 되게 졸인 다음 면포에 거른다. ❷❸
5 물기 없는 볼에 달걀노른자를 넣어 따뜻한 물에서 중탕한다. 거품이 나고 걸쭉해지면 졸여 놓은 물을 조금씩 넣으면서 거품기로 저어 준다. 이때 중탕하여 녹인 버터를 한 방울씩 넣어 주며 계속 젓는다. ❹
6 농도가 되직해지면 소금, 레몬즙을 넣어 간을 맞춘다.

**TIP**

홀렌다이즈 소스는 달걀노른자의 유화성을 이용한 소스로 초보자가 만들기는 어렵다. 그러나 다음에 유의하면 쉽게 만들 수 있다.

- 버터를 따뜻한 상태로 유지한다.
- 달걀노른자의 유화성을 높이기 위해 신선한 달걀을 사용한다.
- 달걀노른자에 졸인 물을 첨가할 때는 충분히 식혀서 넣는다.
- 처음에는 천천히 조금씩 버터를 첨가한다.
- 적당량의 버터를 첨가한다. 달걀노른자 6개에 정제 버터 450~550g을 넣는 것이 표준이다.

# 브라운 그레이비 소스

## *Brown Gravy Sauce*

시험시간 30분

**요구사항**

※ 주어진 재료를 사용하여 다음과 같이 브라운 그레이비 소스를 만드시오.

- 브라운 루(brown roux)를 만들어 사용하시오.
- 완성된 작품의 양은 200mL 정도를 만드시오.

**수험자 유의사항**

- 브라운 루가 타지 않도록 한다.
- 소스의 농도에 유의한다.

## 재료

밀가루 20g, 브라운 스톡 300mL, 소금 2g, 검은 후춧가루 1g, 버터 30g, 양파 ⅙개, 셀러리 20g, 당근 40g, 토마토 페이스트 30g, 월계수잎 1잎, 정향 1개

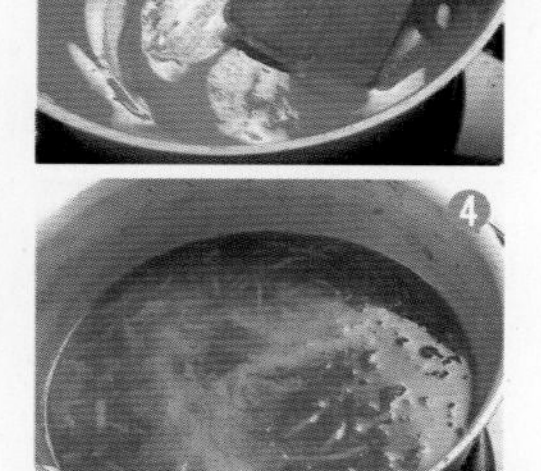

## 만드는 법

1 양파, 셀러리, 당근은 깨끗이 씻어서 길이 3cm, 두께 0.5cm로 썬다.

2 팬이 뜨거워지면 버터를 약간 넣어 녹여서 얇게 썬 채소를 넣고 중간불에서 서서히 볶는다. 옅은 갈색이 나도록 볶은 후 토마토 페이스트를 넣어 다시 오랫동안 볶는다. ❶❷

3 냄비에 버터를 넣고 뜨거워지면 밀가루를 넣어 약한 불에서 짙은 갈색이 나도록 볶아 브라운 루를 만든다. ❸

4 **2**와 **3**을 합하여 브라운 스톡을 넣어 끓인다. ❹

5 월계수잎과 정향을 넣어 충분히 끓인 다음 체에 거르고 소금, 후춧가루로 간을 한다. ❺

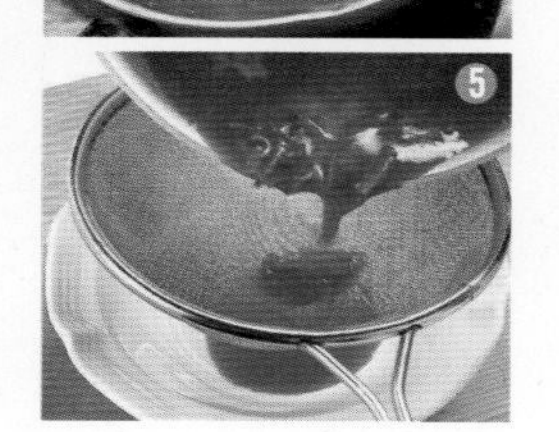

**TIP**

1 채소를 갈색이 나도록 충분히 볶고 페이스트도 분리될 때까지 잘 볶아야 좋은 색깔과 맛의 소스를 얻을 수 있다.
2 루는 처음에 중불에서 볶다가 색깔이 나면 불을 약하게 조절하여 서서히 볶아야 좋은 맛과 색깔을 얻을 수 있다.
3 그레이비는 육즙을 말하는 것으로 고기를 구워낸 팬의 육수를 이용하기도 한다.
4 브라운 그레이비 소스는 대표적인 육류 소스이다.
5 브라운 소스의 맛에 따라 서양요리의 맛이 결정되므로 서양요리에서 대단히 중요한 소스이다.

# 타르타르 소스

## Tartar Sauce

시험시간 20분

**요구사항**

※ 주어진 재료를 사용하여 다음과 같이 타르타르 소스를 만드시오.

- 모든 재료를 0.2cm 정도의 크기로 하고 파슬리는 줄기를 제거하고 사용하시오.
- 소스의 농도를 잘 맞추어 100mL 정도 제출하시오.

**수험자 유의사항**

- 소스의 농도가 너무 묽거나 되지 않아야 한다.
- 채소의 물기 제거에 유의한다.

### 재료

마요네즈 70g, 오이피클 ½개, 양파 10g, 파슬리 1줄기, 달걀 1개, 소금 2g, 흰 후춧가루 2g, 레몬 ¼개, 식초 2mL

### 만드는 법

1 소스 냄비에 물, 소금, 달걀을 넣고 12~15분 정도 달걀을 완숙으로 삶아 즉시 찬물에 식힌 후 껍질을 벗긴다(물이 끓기 시작하여 12분 정도 지나면 완숙된다). ❶

2 양파는 다져서 소금을 뿌려 물기를 제거하거나 면포에 싸서 흐르는 물에 씻어 낸다. ❷

3 파슬리는 잎만 떼어서 다져 면포에 싸서 흐르는 물에 씻어 물기를 꼭 짠다.

4 오이피클과 완숙된 달걀의 흰자를 다져서 준비한다. 노른자는 다지거나 체에 내려 둔다. ❸❹

5 믹싱볼에 마요네즈, 양파, 피클, 달걀, 레몬, 소금, 후춧가루를 넣고 혼합한다(농도가 진하면 오이피클 국물을 넣어 조절한다). ❺

※ 잘게 다진 채소는 많이 넣지 않도록 유의한다.

6 접시에 담고 파슬리가루를 뿌려 낸다.

**TIP**

1 파슬리나 양파는 각각 다져서 면포에 싸고 흐르는 물에 씻어 물기를 짜낸 다음 사용한다.
2 피망은 으깨서 다지면 푸른 물이 나오므로 잘게 썰어 사용한다.
3 준비된 내용물을 한꺼번에 넣으면 내용물이 너무 많거나 농도가 진해지므로 조금씩 여러 번 나누어 넣는다.
4 흰색 소스에는 흰 후춧가루를 사용한다.
5 케이퍼(caper), 딜(dill), 오이피클(cucumber pickle), 올리브(olive), 머스터드(mustard)를 첨가할 수도 있다.
6 주로 생선요리나 튀김요리에 곁들이는 소스이다.

# 사우전드 아일랜드 드레싱

# Thousand Island Dressing

시험시간 20분

**요구사항**

※ 주어진 재료를 사용하여 다음과 같이 사우전드 아일랜드 드레싱을 만드시오.

- 드레싱은 핑크빛이 되도록 하시오.
- 다지는 재료는 0.2cm 정도의 크기로 하시오.
- 드레싱은 농도를 잘 맞추어 100mL 정도 제출하시오.

**수험자 유의사항**

- 다진 재료의 물기를 제거한다.
- 조리작품 만드는 순서는 틀리지 않게 하여야 한다.

## 재료

마요네즈 70g, 오이피클 ½개, 양파 ⅙개, 토마토케첩 20g, 소금 2g, 흰 후춧가루 1g, 레몬 ¼개, 달걀 1개, 청피망 ¼개, 식초 10mL

## 만드는 법

1 양파는 0.2cm 정도로 다져서 소금을 약간 뿌려 두었다가 물에 헹군 후 면포로 수분을 제거한다. ❶

2 셀러리, 피클, 피망도 0.2cm 정도로 다진 후 셀러리와 피망은 수분을 제거한다.

3 달걀은 완숙으로 삶아 흰자는 0.2cm 정도로 다지고 노른자는 체에 내린다. ❷

4 파슬리는 곱게 다져 면포로 싸서 흐르는 물에 씻은 후 물기를 제거하여 보슬보슬하게 준비한다.

5 물기 없는 볼에 마요네즈를 담고 토마토케첩을 섞어 분홍색을 낸 다음 소금, 흰 후춧가루로 간을 한다. 여기에 다진 셀러리, 피클, 피망, 노른자, 흰자를 넣어 골고루 버무리고 레몬즙(식초)으로 농도를 맞춘다. ❸❹

6 완성 그릇에 담는다.

**TIP**

1 토마토케첩 대신 칠리 소스나 파프리카를 사용해도 된다.
2 천 가지 정도나 되는 재료를 섞었다고 말할 정도로 많은 재료를 섞은 소스이다.
3 위의 재료 외에도 붉은 피망, 케이퍼, 그린올리브, 블랙올리브 등의 재료를 첨가할 수 있다.
4 농도는 조금 흐를 듯해야 하므로 레몬즙이나 물을 넣어 농도를 맞춘다.
5 소스와 건더기의 비율은 3:1로 섞는 것이 좋다.
6 색은 핑크색이어야 하고 맛은 마요네즈의 고소한 맛, 레몬과 식초의 신맛, 부재료의 톡 쏘는 맛이어야 한다.

# 치킨 알라킹

# Chicken A'la King

시험시간 30분

**요구사항**

※ 주어진 재료를 사용하여 다음과 같이 치킨 알라킹을 만드시오.

- 완성된 닭고기와 채소, 버섯의 크기는 1.8×1.8cm 정도로 균일하게 하시오. (단, 지급된 재료의 크기에 따라 가감한다.)
- 닭뼈를 이용하여 치킨 육수를 만들어 사용하시오.
- 화이트 루(roux)를 이용하여 베샤멜 소스를 만들어 사용하시오.

**수험자 유의사항**

- 소스의 색깔과 농도에 유의한다.
- 조리작품 만드는 순서는 틀리지 않게 하여야 한다.

## 재료

닭다리 1개, 청피망 ¼개, 홍피망 ⅙개, 양파 ⅙개, 양송이 20g, 버터 20g, 밀가루 15g, 우유 150mL, 정향 1개, 생크림 20g, 소금 2g, 흰 후춧가루 2g, 월계수잎 1잎

## 만드는 법

1 닭고기는 씻어서 뼈와 껍질을 분리하고, 살을 2cm 크기로 자른다. 뼈와 살에 물을 부어 끓이고 면포에 걸러 육수와 살을 사용한다. ❶

2 청·홍피망과 양파는 1.8cm로 자르고 양송이는 껍질을 벗긴 후 두껍게 슬라이스한다. ❷

3 팬에 버터를 넣고 뜨거워지면 양파, 양송이, 피망 순으로 살짝 볶아 둔다. ❸

4 바닥이 두꺼운 소스 팬에 버터를 넣고 녹으면 동량의 밀가루를 넣어 약한 불에서 서서히 볶아 화이트 루를 만든다.

5 루에 화이트 스톡을 조금씩 부으면서 멍울이 없도록 풀어 베샤멜 소스를 만들고 정향, 월계수잎, 우유를 넣어 뭉근히 끓인다. ❹

6 볶아 놓은 채소와 닭고기를 화이트 소스에 넣고 생크림을 넣어 끓인 후 소금, 후춧가루로 간을 한다. ❺

**TIP**

1 닭고기를 삶아서 식힌 후 일정한 크기로 썰어 사용해도 좋다.
2 피망은 살짝 볶은 후 꺼내 놓았다가 완성 직전에 넣어야 색깔과 향이 좋다.
3 팬에 버터를 넣고 뜨거워지면 닭고기를 넣어 갈색이 나지 않도록 가볍게 볶다가 물을 부어 뼈와 함께 끓여(월계수와 정향이 있으면 넣고) 국물은 면포로 걸러서 국물과 살을 따로 준비하기도 한다.
4 국물이 되직할 때는 육수 또는 우유로 농도를 조절한다.
5 내용물의 반 정도가 소스에 잠기도록 담는다.
6 치킨 알라킹(chicken a la king)이란 영어로 왕의 닭(king of chicken)의 뜻으로, 왕이 즐기던 닭고기 요리이다. 닭고기(혹은 칠면조), 버섯, 피망을 네모나게 썰어 크림 소스와 함께 조리한 것이다.

# 치킨 커틀릿

## *Chicken Cutlet*

**요구사항**

※ 주어진 재료를 사용하여 다음과 같이 치킨 커틀릿을 만드시오.

- 닭은 껍질째 사용하시오.
- 완성된 커틀릿의 두께를 1cm 정도로 하시오.
- 딥 팻 프라잉(deep fat frying)으로 하시오.

**수험자 유의사항**

- 닭고기 모양에 유의한다.
- 완성된 커틀릿의 색깔에 유의한다.
- 조리작품 만드는 순서는 틀리지 않게 하여야 한다.

## 재료

닭다리 1개, 달걀 1개, 밀가루 30g, 빵가루 50g, 소금 2g, 검은 후춧가루 2g, 식용유 500mL, 냅킨 2장

## 만드는 법

1 닭은 깨끗이 씻어 물기를 닦은 다음 뼈를 발라내고 살을 저며서 두께 0.7cm 정도로 모양을 잡는다. 껍질 쪽에 칼집을 넣고 소금, 후춧가루로 간을 해 둔다. ❶

2 달걀 1개를 오목한 볼에 깨뜨려 젓가락으로 저어 준다.

3 닭고기에 밀가루, 달걀물, 빵가루를 순서대로 묻혀 160~180℃의 기름에 넣고 황금색으로 튀긴 다음 냅킨에 올려 기름 제거 후 담아낸다. ❷❸

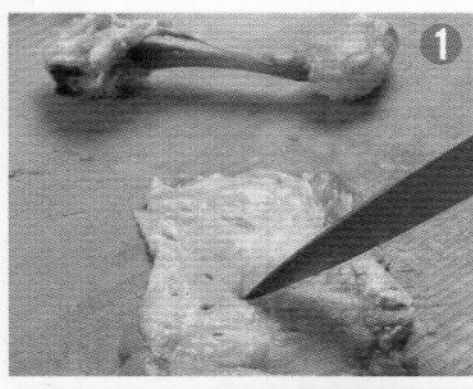

**TIP**

1 닭고기를 손질할 때는 칼을 비스듬히 잡고 닭고기 살결의 대각선 방향으로 골고루 칼집을 넣어 주고, 가장자리도 골고루 돌아가며 작은 칼집을 넣어야 튀긴 후 오그라들지 않는다.

2 180℃의 기름(빵가루를 떨어뜨려 보았을 때 가라앉지 않고 바로 뜨고 황금색이 난다)에 닭고기를 옆으로 살며시 넣은 다음 모양을 유지하면서 황금색으로 튀겨낸다.

3 기름 속에 있을 때보다 건져서 접시에 담아 놓으면 튀긴 색깔이 더 진해지므로 이를 고려한다.

4 커틀릿은 얇고 부드러운 고기조각이나 육류나 생선을 얇게 썰어서 빵가루를 입혀 튀긴 요리를 뜻한다.

# 비프 스튜

## Beef Stew

시험시간 40분

**요구사항**

※ 주어진 재료를 사용하여 다음과 같이 비프 스튜를 만드시오.

- 완성된 쇠고기와 채소의 크기는 1.8cm 정도의 정육면체로 하시오.
- 브라운 루(brown roux)를 만들어 사용하시오.
- 파슬리 다진 것을 뿌려 내시오.

**수험자 유의사항**

- 소스의 농도와 분량에 유의한다.
- 고기와 채소는 형태를 유지하면서 익히는 데 유의한다.
- 조리작품 만드는 순서는 틀리지 않게 하여야 한다.

## 재료

쇠고기 100g, 당근 70g, 양파 ¼개, 셀러리 30g, 감자 ⅓개, 마늘 1쪽, 토마토 페이스트 20g, 밀가루 25g, 버터 30g, 소금 2g, 검은 후춧가루 2g, 파슬리 1줄기, 월계수잎 1잎, 정향 1개

## 만드는 법

**1** 쇠고기는 핏물 제거 후 2×2cm 크기의 사각형으로 썰고 소금, 후춧가루를 뿌려 밀가루를 가볍게 묻힌다. 양파, 당근, 셀러리, 감자는 1.8cm 크기의 정육면체로 자른 후 당근과 감자는 모서리를 둥글게 다듬는다. ❶

**2** 마늘은 다지고 파슬리는 잎만 다져 면포에 싸서 흐르는 물에 씻고 꼭 짜서 보슬보슬하게 준비한다.

**3** 팬에 버터를 두르고 밀가루를 넣어 브라운 루를 만들고 토마토 페이스트를 넣어 볶아 준다. ❷

**4** 팬에 버터를 두르고 채소를 볶아 꺼낸 다음 쇠고기를 넣어 갈색이 나게 충분히 볶는다. ❸

**5** 고기가 충분히 볶아지면 **3**의 루와 토마토 페이스트 볶은 냄비에 넣고 물을 붓고 풀어 주고 볶은 채소와 부케가르니(정향, 월계수잎, 셀러리, 파슬리줄기 묶음)를 넣어 국물의 농도가 날 때까지 끓인다. ❹

**6** 부케가르니를 건져 내고 소금, 후춧가루로 간을 한다. 스튜 그릇에 담고 위에 다진 파슬리가루를 뿌린다.

**TIP**

1 고기는 익으면 줄어들므로 채소보다 조금 더 크게 자른다.
2 토마토 페이스트는 충분히 볶아야 좋은 색깔이 나오므로 채소와 페이스트가 분리될 때까지 충분히 볶으면서 타지 않도록 한다.
3 완성된 스튜의 농도는 수프보다 약간 묽게 한다.
4 스튜란 육류와 채소를 큼직하게 썰어 재료 자체의 맛이 국물에 우러나오도록 오랫동안 은근하게 끓인 국물요리이다. 식사 대용으로도 먹을 수 있다.

# 살리스버리 스테이크

# *Salisbury Steak*

시험시간 40분

**요구사항**

※ 주어진 재료를 사용하여 다음과 같이 살리스버리 스테이크를 만드시오.

- 고기 앞뒤의 색을 갈색으로 내시오.
- 살리스버리 스테이크는 타원형으로 만드시오.
- 더운 채소(당근, 감자, 시금치)를 각각 모양 있게 만들어 곁들여 내시오.

**수험자 유의사항**

- 고기가 타지 않도록 하며, 구워진 고기가 단단해지지 않도록 유의한다(곁들이는 소스는 생략한다).
- 주어진 조미 재료를 활용하여 더운 채소의 요리법(색, 모양 등)에 유의한다.

## 재료

쇠고기 130g, 양파 ⅙개, 달걀 1개, 우유 10mL, 빵가루 20g, 소금 2g, 검은 후춧가루 2g, 식용유 150mL, 감자 ½개, 당근 70g, 시금치 70g, 백설탕 25g, 버터 50g

## 만드는 법

1 양파는 곱게 다져 살짝 볶아 면포에 펴서 물기 제거 후 식힌다. 빵가루는 우유에 적셔 둔다.

2 다진 쇠고기에 양파, 우유 적신 빵가루, 소금, 후춧가루를 넣고 섞어 충분히 치대어 두께 1.5cm, 길이 13cm, 폭 9cm의 타원형으로 만든다. ❶❷

3 팬에 기름을 두르고 뜨거워지면 스테이크를 넣고 앞뒤가 연한 갈색이 되도록 잘 익힌다.

4 감자는 껍질을 벗기고 길이 5cm, 두께 1×1cm가 되도록 썰고 찬물에 씻어 물에 넣고 반만 익도록 삶아 물기를 제거한다. 170~180℃의 기름에 튀긴 후 뜨거울 때 소금을 약간 뿌린다. ❸

5 당근은 두께 0.5cm의 원형으로 썰고 돌려 가면서 각을 없앤 후(비취 썰기) 물에 삶는다. 당근이 거의 익으면 물을 약간만 남기고 버터, 설탕을 넉넉히 넣고 윤기가 나도록 졸인다. ❹

6 시금치는 다듬어 끓는 물에 살짝 데친 후 냉수에 담갔다가 물기를 짜서 길이 5cm로 썬다. 다진 양파를 버터에 볶다가 시금치를 넣어 볶고 소금, 후춧가루로 간을 한다. ❺

7 접시 뒤쪽에 더운 채소를 담고 앞쪽에 구운 살리스버리 스테이크를 담는다.



**TIP**

1 양파를 곱게 다져 적은 양의 기름을 두른 팬에 은근히 수분을 제거하는 느낌으로 볶는다.
2 고기는 충분히 치대어 끈기가 날 정도로 반죽해야 구운 후의 고기 형태가 반듯하다. 가장자리부터 익으므로 중심 부분을 약간 얇게 만들어 구울 때 불을 약하게 해야 색이 나면서 속까지 익는다.
3 당근은 광택이 나야 하고, 감자는 갈색이 나야 하며, 시금치는 청색으로 가지런해야 한다.
4 살리스버리는 영국의 후작이자 의사의 이름이다. 그는 이 요리를 많이 먹으라고 권장하여 이것이 많은 사람에게 유행했던 것으로 전해진다.

# 설로인 스테이크

## *Sirloin Steak*

시험시간 30분

**요구사항**

※ 주어진 재료를 사용하여 다음과 같이 설로인 스테이크를 만드시오.

- 스테이크는 미디엄(medium)으로 구우시오.
- 더운 채소(당근, 감자, 시금치)를 각각 모양 있게 만들어 함께 내시오.

**수험자 유의사항**

- 스테이크의 색에 유의한다(곁들이는 소스는 생략한다).
- 주어진 조미 재료를 활용하여 더운 채소의 요리법(색, 모양 등)에 유의한다.

## 재료

쇠고기 200g, 감자 ½개, 당근 70g, 시금치 70g, 소금 2g, 검은 후춧가루 1g, 식용유 150mL, 버터 50g, 백설탕 25g, 양파 ⅙개

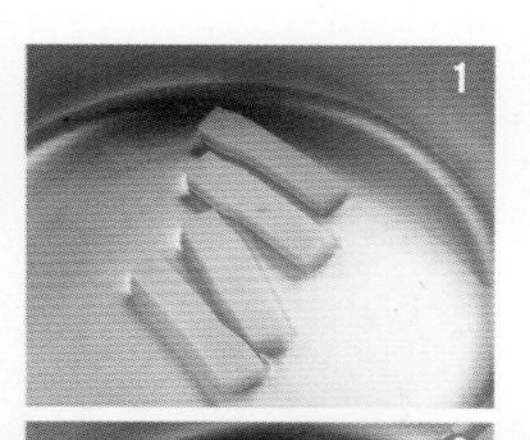


## 만드는 법

1 감자는 껍질을 벗기고 길이 5cm, 두께 1×1cm로 썰어 물에 씻어 녹말을 제거하고, 반 정도 익을 만큼만 삶고 물기를 제거하여 170℃ 기름에 튀긴다. 뜨거울 때 소금을 약간 뿌린다. ❶

2 당근은 두께 0.5cm의 원형으로 썬 다음 비취 모양으로 다듬어 냄비에 약간의 물과 설탕을 넣고 뭉근히 끓이다가 수분이 거의 없어지면 소금, 버터를 두르고 졸인다. ❷

3 시금치는 다듬어 살짝 데친 후 냉수에 담갔다가 꼭 짜서 5cm 길이로 등분한 다음 양파 다진 것과 같이 살짝 볶다가 소금으로 간을 한다. ❸

4 등심은 힘줄과 기름을 제거하고 핏물을 뺀 후 소금, 후춧가루를 뿌려 기름을 두른 뜨거운 팬에 미디엄으로 구워 담는다. ❹

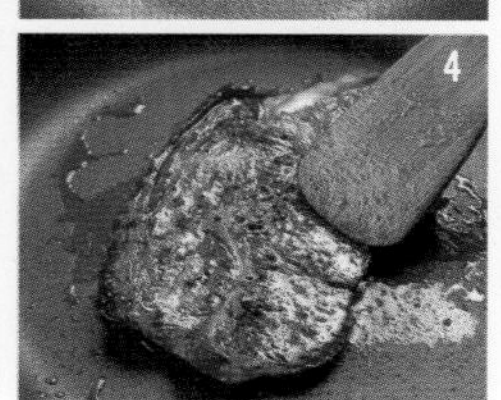


5 감자, 당근, 시금치를 곁들여 접시에 보기 좋게 담는다.

**TIP**

1 당근을 익힐 때는 마지막에 센 불에서 골고루 뒤적이면 윤기가 난다.

2 고기는 뜨거운 팬에서 앞뒤로 잠시 익혀 먹음직스러운 색을 낸 다음 불을 줄이고 중간 정도로 구워서 고기를 눌러 보았을 때 탄력이 느껴지도록 만든다.

# 바비큐 폭찹

# *Barbecued Pork Chop*

시험시간 40분

**요구사항**

※ 주어진 재료를 사용하여 다음과 같이 바비큐 폭찹을 만드시오.

- 고기는 뼈가 붙은 채로 사용하고 고기의 두께는 1cm 정도로 하시오.
- 양파, 셀러리, 마늘은 다져 소스로 만드시오.
- 완성된 소스는 농도에 유의하고 윤기가 나도록 하시오.

**수험자 유의사항**

- 주어진 재료로 소스를 만들고 농도에 유의한다.
- 재료의 익히는 순서를 고려하여 끓인다.
- 조리작품 만드는 순서는 틀리지 않게 하여야 한다.

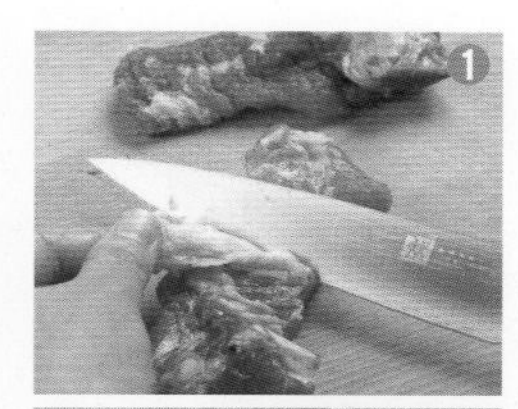

## 재료

돼지갈비 200g, 토마토케첩 30g, 우스터 소스 5mL, 황설탕 10g, 양파 ¼개, 검은 후춧가루 2g, 셀러리 30g, 핫소스 5mL, 버터 10g, 식초 10mL, 월계수잎 1잎, 밀가루 10g, 레몬 ⅙개, 마늘 1쪽, 양파 ⅙개

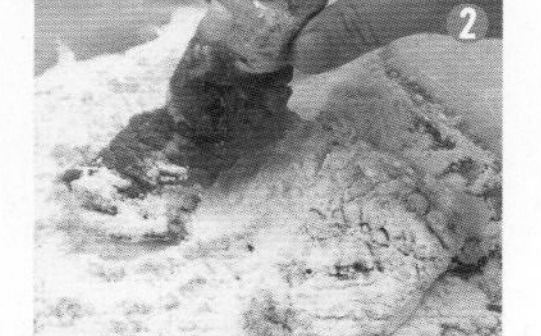

## 만드는 법

1 돼지갈비는 기름기를 제거하고 살쪽으로 칼집을 넣어 뼈를 붙여서 0.7cm 두께로 납작하게 하여 소금, 후춧가루를 뿌려 밑간을 하고 앞뒤로 밀가루를 묻힌다. ❶❷

2 마늘, 양파와 셀러리는 다듬어 씻고 셀러리 줄기의 껍질을 벗긴 다음 각각 다진다.

3 팬에 기름을 넣고 뜨겁게 되면 손질한 돼지갈비를 넣고 앞뒤를 노르스름하게 지진다. ❸

4 냄비에 버터를 두르고 뜨거워지면 마늘, 양파, 셀러리를 볶다가 토마토케첩을 넣어 볶는다. 충분히 볶아지면 물을 넣고 핫소스, 우스터 소스, 황설탕, 식초, 레몬즙, 월계수잎과 지져 놓은 돼지갈비도 같이 넣어 끓인다. ❹~❻

5 국물이 걸쭉해지면 소금, 후춧가루로 간을 한다.

6 월계수잎을 건져내고 접시에 돼지갈비를 담은 후 남은 소스를 위에 끼얹는다.

**TIP**

1 돼지갈비의 살쪽에 칼집을 골고루 넣어야 익은 후 모양이 반듯하다.
2 뼈와 살이 떨어지지 않게 한다.
3 소스는 새콤달콤한 맛과 윤기가 나야 한다.
4 흑설탕과 우스터 소스를 많이 넣으면 색이 좋지 않으므로 주의한다.
5 소스는 고기를 골고루 덮고 접시에 조금 흘러내릴 정도로 끼얹는 게 좋다.

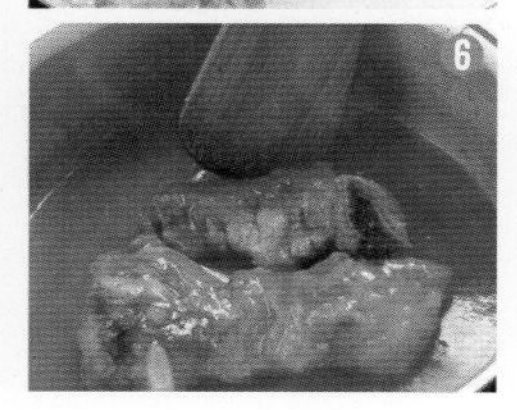

# 비프콩소메 수프

## *Beef Consomme Soup*

시험시간 **40분**

**요구사항**

※ 주어진 재료를 사용하여 다음과 같이 비프콩소메 수프를 만드시오.

- 어니언 브루리(onion brulee)를 만들어 사용하시오.
- 양파를 포함한 채소는 채 썰어 향신료, 쇠고기, 달걀흰자 머랭과 함께 섞어 사용하시오.
- 완성된 수프는 맑고 갈색이 되도록 하시오.
- 완성된 수프의 양은 200mL 정도가 되도록 하시오.

**수험자 유의사항**

- 맑고, 갈색의 수프가 되도록 불 조절에 유의한다.
- 조리작품 만드는 순서는 틀리지 않게 하여야 한다.

## 재료

쇠고기 70g, 양파 1개, 당근 40g, 셀러리 30g, 달걀 1개, 소금 2g, 검은 후춧가루 2g, 검은 통후추 1개, 파슬리 1줄기, 월계수잎 1잎, 토마토 ¼개, 비프스톡(육수) 500mL, 정향 1개

## 만드는 법

**1** 양파, 당근, 셀러리는 채 썬다. 토마토는 껍질과 씨를 제거하고 다진다.

**2** 냄비에 버터를 두르고 채 썬 양파 ½을 넣어 볶다가 색깔이 나면 물 1큰술을 붓고 다시 볶다가 물 1큰술을 붓고, 이러한 볶는 과정을 색이 충분히 날 때까지 반복한다. ❶

**3** 양파, 통후추, 파슬리줄기, 월계수잎, 정향을 모아 부케가르니를 만든다. 달걀흰자는 거품기를 이용하여 눈처럼 하얗게 거품을 낸 후 채 썬 양파, 당근, 셀러리, 다진 쇠고기, 토마토를 넣고 잘 섞는다. ❷❸

**4** 냄비에 물 500mL와 **3**의 재료를 넣고, 볶은 양파와 함께 가운데 구멍을 뚫고 일정한 불로 서서히 끓인다. ❹

**5** 국물이 맑아지면 면포로 거르고 기름을 제거한 후 소금, 후추로 간을 맞춘다.

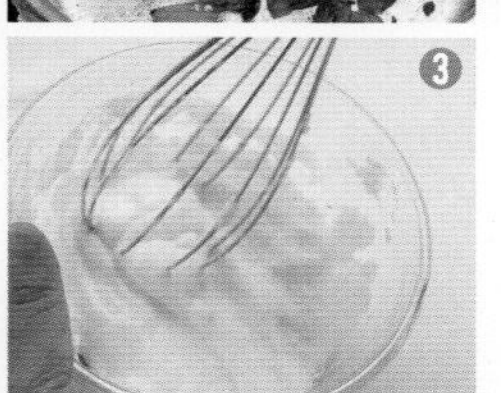

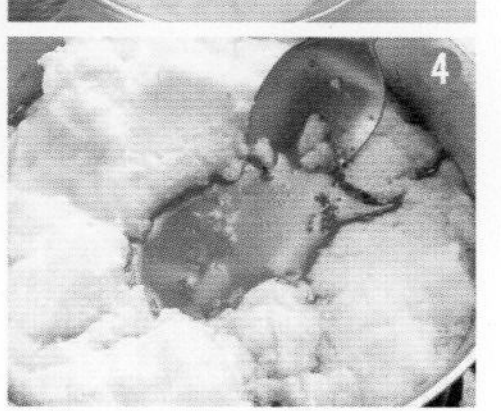

**TIP**

1 양파를 충분히 볶아야 갈색 콩소메를 얻을 수 있다.
2 채소와 쇠고기, 부케가르니, 거품 낸 달걀흰자를 합쳐서 물을 붓고 고형물이 떠오를 때까지 나무주걱으로 잘 저어 주다 끓기 직전 가운데 구멍을 뚫어 주고 불을 약하게 조절하여 끓인다.
3 뚜껑을 덮거나 끓어 넘치면 국물이 탁해지므로 주의한다.
4 맑은 수프에 여러 가지 건더기를 곁들이기도 한다.
5 콩소메란 스톡에 주재료를 넣어 맛이 우러나게 한 다음 정제하여 투명하게 만든 맑은 수프의 일종이다.

# 미네스트로네 수프

## *Minestrone Soup*

시험시간 30분

**요구사항**

※ 주어진 재료를 사용하여 다음과 같이 미네스트로네 수프를 만드시오.

- 채소는 사방 1.2cm, 두께 0.2cm 정도로 써시오.
- 스트링빈스, 스파게티는 1.2cm 정도의 길이로 써시오.
- 국물과 고형물의 비율을 3:1로 하시오.
- 전체 수프의 양은 200mL 정도로 하고 파슬리가루를 뿌려 내시오.

**수험자 유의사항**

- 수프의 색과 농도를 잘 맞추어야 한다.
- 조리작품 만드는 순서는 틀리지 않게 하여야 한다.

## 재료

양파 ¼개, 셀러리 30g, 당근 40g, 무 10g, 양배추 40g, 버터 5g, 스트링빈스 2줄기, 완두콩 5알, 토마토 ⅛개, 스파게티 2가닥, 토마토 페이스트 15g, 파슬리 1줄기, 베이컨 ½조각, 마늘 1쪽, 소금 2g, 검은 후춧가루 2g, 치킨 스톡 200mL, 월계수잎 1잎, 정향 1개

## 만드는 법

1 당근, 양파, 셀러리, 베이컨, 무, 양배추는 깨끗이 씻어 가로세로 1.2cm, 두께 0.2cm 정도로 썬다. 베이컨은 끓는 물에 데쳐 기름기를 제거한다. ❶

2 토마토는 끓는 물에 데쳐서 찬물에 담갔다가 껍질과 속씨를 제거한 후 다른 채소와 같은 크기로 썬다. ❷

3 스파게티는 끓는 물에 삶아 약 1.2cm 길이로 자른다. 스트링빈스도 1.2cm로 썬다.

4 마늘은 곱게 다지고 파슬리도 곱게 다진 후 면포에 싸서 흐르는 물에 씻어 물기를 제거한다.

5 수프 냄비에 버터를 넣고 다진 마늘을 볶다가 단단한 채소 순으로 볶고 토마토 페이스트와 토마토를 넣어 5분 정도 더 볶는다. 그다음 흰색 육수를 붓고 월계수잎을 넣어 약 15분간 끓인다. ❸❹

6 채소가 충분히 익으면 완두콩과 껍질콩, 스파게티를 넣어 한 번 끓인다. ❺

7 거품을 걷어 내고 소금, 흰 후춧가루로 간을 맞춘 후 부케가르니를 건져 낸다. 그릇에 국물과 채소를 3:1의 비율로 담고 파슬리를 뿌려 준다.

**TIP**

1 모든 채소의 길이와 두께는 비슷해야 한다.
2 스파게티는 끓는 물에 소금과 기름을 넣고 12분 정도 삶는다. 중간을 잘랐을 때 흰심이 없으면 다 삶아진 것이다.
3 페이스트는 충분히 볶아야 색깔이 곱고 신맛이 없어진다.
4 수프가 거의 완성될 때 스파게티를 넣고 끓이면 농도가 약간 생긴다.
5 끓이면서 떠오르는 거품과 찌꺼기를 걷어 낸다.
6 미네스트로네 수프는 이탈리아 밀라노식으로 채소류와 파스타, 콩류 등을 넣은 걸쭉한 요리이다. 한 끼 식사로 대용할 수 있다.

# 피시 차우더 수프

## *Fish Chowder Soup*

시험시간 30분

**요구사항**

※ 주어진 재료를 사용하여 다음과 같이 피시 차우더 수프를 만드시오.

- 차우더 수프는 화이트 루(roux)를 이용하여 농도를 맞추시오.
- 채소는 0.7×0.7×0.1cm, 생선은 1×1×1cm 정도 크기로 써시오.
- 대구살을 이용하여 생선 스톡을 만들어 사용하시오.
- 완성된 수프는 200mL 정도로 내시오.

**수험자 유의사항**

- 피시 스톡을 만들어 사용하고 수프는 흰색이 나야 한다.
- 베이컨은 기름을 빼고 사용한다.
- 조리작품 만드는 순서는 틀리지 않게 하여야 한다.

## 재료

대구살 50g, 감자 ⅕개, 베이컨 ½조각, 양파 ⅙개, 셀러리 30g, 버터 20g, 밀가루 15g, 우유 200mL, 소금 2g, 흰후춧가루 2g, 정향 1개, 월계수잎 1잎

※ 대구살 사용: 스톡을 만들 때 생선뼈와 살을 넣음

## 만드는 법

1 생선살은 사방 1cm로 썰고 감자, 양파, 셀러리는 가로세로 0.7cm, 두께 0.1cm로 썬다. ❶

2 베이컨은 가로세로 1cm로 썰고 끓는 물에 데쳐 기름기를 제거한다.

3 냄비에 물 2컵과 월계수잎, 정향, 으깬 통후추를 넣고 끓이다가 생선살을 넣고 데쳐 생선이 익으면 국물을 면포에 밭쳐서 스톡으로 준비하고 생선살은 따로 접시에 담는다. ❷❸

4 버터를 두른 냄비에 채소를 볶는다. ❹

5 버터와 밀가루를 동량 넣고 흰색의 루를 만들어 생선육수를 붓고 베이컨과 생선살, **4**의 볶아 둔 채소를 넣고 월계수잎을 넣어 끓인다. ❺

6 재료가 익으면 월계수잎을 꺼내고 우유를 넣어 끓이면서 소금, 후춧가루로 간을 하고 수프 그릇에 담는다. ❻

**TIP**

1 생선살은 부서지기 쉬우므로 완성 직전에 넣는다.

2 수프는 숟가락으로 떠 보았을 때 주르륵 흐르는 농도가 되어야 하므로 마지막에 우유로 농도를 잘 맞춘다. 조금 묽은 농도일 때 불을 끄면 식은 후에 조금 되직해진다.

3 루가 들어간 수프는 식으면 농도가 되직해지므로 조금 묽게 완성한다.

4 영국의 대표적인 수프이다.

# 프렌치프라이드 쉬림프

## French Fried Shrimp

시험시간 25분

**요구사항**

※ 주어진 재료를 사용하여 다음과 같이 프렌치프라이드 쉬림프를 만드시오.

- 새우는 꼬리쪽에서 1마디 정도 껍질을 남겨 구부러지지 않게 튀기시오.
- 새우튀김은 4개를 제출하시오.
- 레몬과 파슬리를 곁들이시오.

**수험자 유의사항**

- 새우는 꼬리쪽에서 한 마디 정도만 껍질을 남긴다.
- 튀김반죽에 유의하고, 튀김의 색깔이 깨끗하게 한다.
- 조리작품 만드는 순서는 틀리지 않게 하여야 한다.

### 재료

새우 4마리(50~60g), 밀가루 80g, 백설탕 2g, 달걀 1개, 소금 2g, 흰 후춧가루 2g, 식용유 500mL, 레몬 ⅙개, 파슬리 1줄기, 냅킨 2장, 이쑤시개 1개

### 만드는 법

1 새우의 내장을 빼고 머리를 자른 다음 깨끗이 씻어서 꼬리쪽 한 마디만 남기고 껍질을 벗긴다. 꼬리의 물주머니는 제거하고 배쪽에 칼집을 넣고 소금, 후춧가루를 뿌린다. ❶❷

2 달걀흰자는 거품을 내고 노른자에 체 친 밀가루 3큰술, 설탕 조금, 물 2큰술을 넣어 저어 준 다음 흰자 거품 3큰술과 합하여 가볍게 섞어 준다. ❸

3 새우는 밀가루를 살짝 묻히고 튀김옷을 입혀 160~170℃ 기름에 튀긴다. 냅킨에 올려 기름기를 제거한다. ❹

4 완성그릇에 새우를 담고 레몬과 파슬리로 장식한다.

TIP

1 새우는 소금물에 씻어 내장을 제거하고 배쪽에 칼집을 3~4회 넣은 후 반대 방향으로 한 번 꺾어 주면 튀긴 후 모양이 반듯해진다.
2 흰자 거품이 많이 들어가면 튀김옷이 묽어지므로 농도를 보아 가며 넣는다.
3 밀가루는 박력분을 사용한다.
4 튀김온도는 160~170℃가 적당하며 튀김옷이 너무 묽거나 되직하지 않도록 유의한다. 튀기기 직전 튀김옷을 만드는 게 중요하다.
5 색깔이 골고루 나도록 튀길 때 나무젓가락으로 저어 준다.
6 레몬은 오른손에 쥐고 짜므로 접시 중심의 오른쪽에 놓는 것이 바람직하다.

# 피시 뮈니에르

# Fish Meuniere

**요구사항**

※ 주어진 재료를 사용하여 다음과 같이 피시 뮈니에르를 만드시오.

- 생선은 길이를 일정하게 하여 4쪽을 구워 내시오.
- 레몬과 파슬리를 곁들여 내시오.
- 버터, 레몬, 파슬리를 이용하여 소스를 만들어 사용하시오.

**수험자 유의사항**

- 생선살은 흐트러지지 않게 5장 포 뜨기를 한다.
- 생선의 담는 방법에 유의한다.
- 조리작품 만드는 순서는 틀리지 않게 하여야 한다.

## 재료

가자미 1마리, 밀가루 30g, 버터 50g, 소금 2g, 흰 후춧가루 2g, 레몬 ½개, 파슬리 1줄기

## 만드는 법

1 가자미는 비늘을 긁고 내장을 제거한 후 깨끗이 씻어 면포로 물기를 닦아낸 다음 5장으로 포를 뜬다. ❶❷

2 포 뜬 생선은 껍질을 벗기고 소금, 후춧가루를 뿌린 후 밀가루를 가볍게 묻힌다.

3 파슬리는 일부를 곱게 다져 면포에 싸고 흐르는 물에 씻어 물기를 꼭 짜서 파슬리 가루를 만들고, 레몬의 반은 장식용으로 반은 레몬즙을 내서 소스용으로 사용한다.

4 프라이팬에 버터를 녹이고 뼈에 붙은 생선살 쪽을 먼저 지져 낸다. 앞뒤로 노릇하게 지진다. 색깔이 적당하게 나고 속까지 익으면 접시에 뼈쪽이 위로 오도록 담아 놓는다. 생선을 지진 프라이팬에 버터를 조금 더 넣어 갈색을 낸 후 거품을 걷어 내고 레몬즙을 짜 넣어 주고 소금, 후춧가루로 간을 한 후 불을 끈다. ❸

5 접시에 익힌 생선을 담고 **4**의 버터 소스를 생선 위에 끼얹는다.

6 레몬과 파슬리로 장식한다.

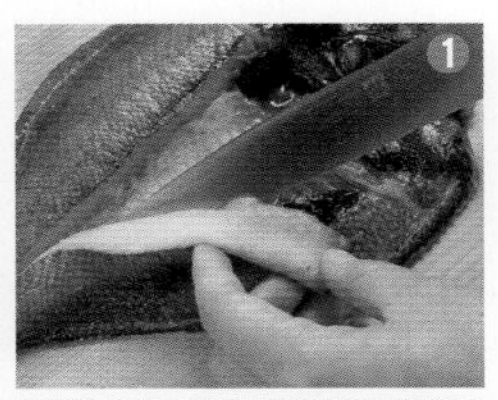


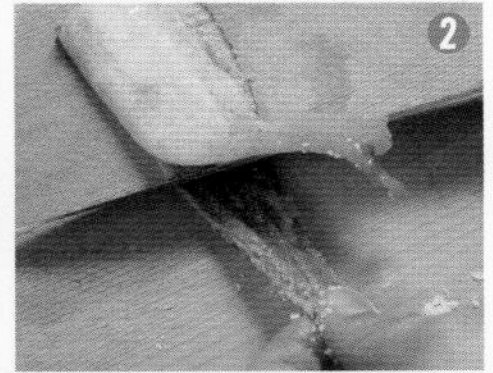

TIP

1 구운 생선의 길이가 7cm가 되어야 하므로 손질한 생선은 9cm 정도로 자른다.
2 생선을 담을 때는 머리쪽이 왼쪽, 배쪽이 앞쪽으로 오도록 한다.
3 완성된 생선은 위쪽부터 하나하나 차례로 담고 껍질 부분이 밑으로 오게 한다.
4 생선에 밀가루를 묻혀 버터에 지진 요리를 뮈니에르(meunière)라고 한다.

# 솔모르네

# Sole Mornay

**요구사항**

※ 주어진 재료를 사용하여 다음과 같이 솔모르네를 만드시오.
- 피시 스톡(fish stock)을 만들어 생선을 포칭(poaching)하시오.
- 베샤멜 소스를 만들어 치즈를 넣고 모르네 소스(mornay sauce)를 만드시오.
- 생선은 5장 뜨기 하고, 수량은 같은 크기로 4개 제출하시오.
- 카옌 페퍼를 뿌려내시오.

**수험자 유의사항**

- 소스의 농도에 유의한다.
- 생선살이 흐트러지지 않도록 5장 뜨기를 한다.
- 생선뼈는 지급된 생선으로 사용한다.
- 조리작품 만드는 순서는 틀리지 않게 하여야 한다.

## 재료

가자미 1마리, 치즈 1장, 카옌 페퍼 2g, 밀가루 30g, 버터 50g, 우유 200mL, 양파 ⅓개, 정향 1개, 레몬 ¼개, 월계수잎 1잎, 파슬리 1줄기, 흰 통후추 3개, 소금 2g

## 만드는 법

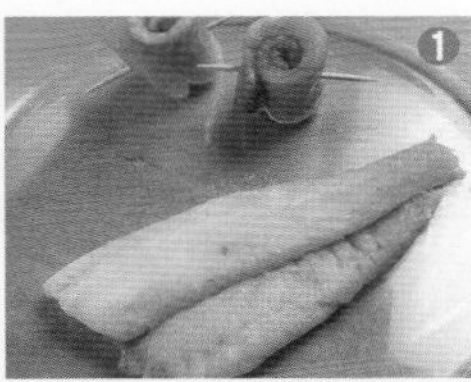
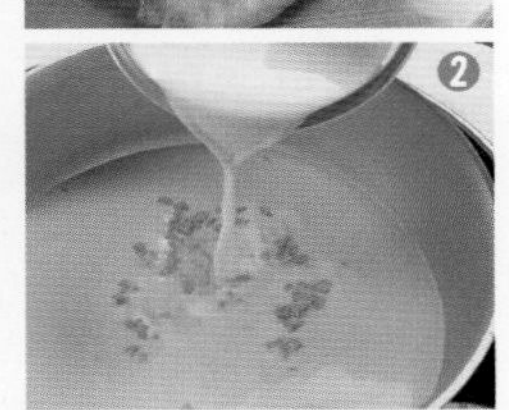
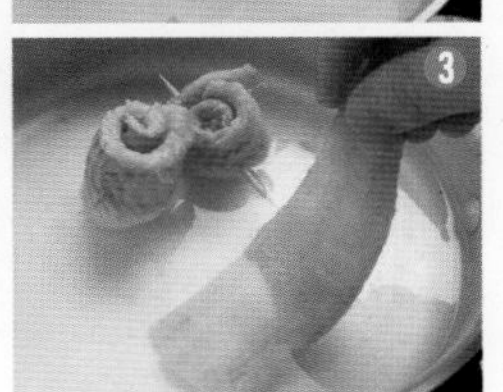

1 가자미는 깨끗이 씻어서 배쪽의 내장을 제거한 다음 5장으로 포를 뜬 후 껍질을 벗기고 소금, 후춧가루로 간을 한다. ❶

2 생선뼈는 3~4cm로 토막 내어 흐르는 물에 담가서 핏물을 빼고 냄비에 버터를 두르고 채 썬 양파와 뼈를 넣어 볶은 후 물을 붓고 파슬리 줄기, 월계수잎, 정향을 넣고 끓인 다음 레몬즙을 넣고 면포에 걸러 생선 육수를 만든다.

3 치즈와 양파는 잘게 다진다.

4 **모르네 소스 만들기** 바닥이 두꺼운 냄비에 버터와 밀가루를 동량 합해 약한 불에서 충분히 볶은 다음, 생선 육수를 붓고 거품기로 잘 푼 후 정향을 넣고 다진 치즈를 넣어 치즈가 녹으면 우유를 붓는다. 소스가 완성되면 정향을 건져 내고 소금, 후춧가루로 간을 한다. ❷

5 냄비 바닥에 버터를 약간 바르고, 다진 양파를 뿌린 후 생선을 가지런히 담아 생선이 약간 잠길 정도로 생선 육수를 붓고 낮은 온도(75~90℃)로 익힌다. ❸

6 생선 익힌 것을 접시에 담고 그 위에 소스를 끼얹은 후 카옌 페퍼를 뿌린다.

TIP

1 생선은 여러 가지 모양으로 만들어 익힐 수 있다.
2 생선 육수는 너무 오래 끓이지 않는 것이 좋다.
3 센 불에 오랫동안 끓이면 육수가 탁해지고 맛이 좋지 않다.
4 화이트와인과 생선육수를 사용하여 생선을 익히면 비린내가 나지 않고 좋은 맛을 낼 수 있다.
5 맛과 향이 진한 소스를 만들고자 할 때는 걸러서 육수를 졸여야 한다.
6 모르네 소스란 베샤멜 소스에 치즈를 녹여서 만든 걸쭉한 소스이며 모르네라는 사람이 만들었다.
7 포칭(poaching)은 낮은 온도(75~90℃)로 익히는 조리 방법으로 단백질 식품을 부드럽게 익히기 위하여 사용하는 조리법이다.
8 소스를 지나치게 많이 끼얹지 않는다.

# 프렌치 어니언 수프

## *French Onion Soup*

시험시간 30분

**요구사항**

※ 주어진 재료를 사용하여 다음과 같이 프렌치 어니언 수프를 만드시오.

- 양파는 5cm 크기의 길이로 일정하게 써시오.
- 바게트에 마늘 버터를 발라 구워서 따로 담아 내시오.
- 완성된 수프의 양은 200mL 정도로 하시오.

**수험자 유의사항**

- 수프의 색깔이 갈색이 나도록 하여야 한다.
- 조리작품 만드는 순서는 틀리지 않게 하여야 한다.

## 재료

양파 1개, 바게트 1조각, 버터 20g, 소금 2g, 검은 후춧가루 1g, 파마산 치즈 10g, 화이트와인 15mL, 마늘 1쪽, 파슬리 1줄기, 맑은 스톡(비프 스톡 또는 콩소메) 270mL

## 만드는 법

1 양파는 가늘게 채 썬 다음 팬에 버터를 두르고 채 썬 마늘과 같이 중불에서 갈색이 날 때까지 충분히 볶는다.

2 색깔이 나면 화이트와인을 넣어 볶다가 브라운 스톡을 넣고 약한 불에서 오래 끓여 떠오르는 불순물을 걷어 내며 소금, 후춧가루로 간을 맞춘다. ❶

3 실온에 둔 버터에 다진 마늘과 파슬리가루를 잘 섞는다. ❷

4 1cm 두께로 썬 바게트 빵에 **3**의 버터를 바르고 토스트한다. ❸

5 수프 그릇에 어니언 수프를 담고 그 위에 팬에 지진 빵에 파슬리와 치즈를 얹어서 낸다(빵은 작은 접시에 따로 담아 내기도 한다).

1

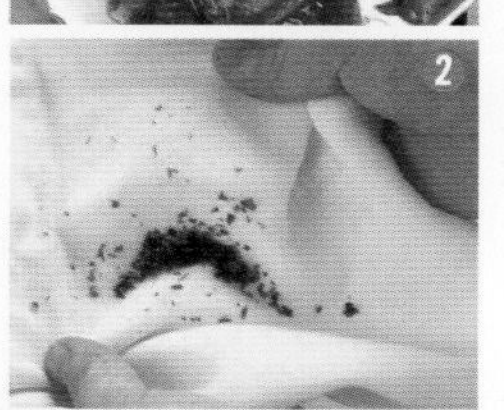
2

3

**TIP**

1 양파는 최대한 얇고 일정하게 썰고 갈색이 나도록 볶는다. 이때 채 썬 양파가 부서지지 않고 결이 그대로 살아 있도록 조심스레 볶는다.

2 빵을 너무 두껍게 썰어 수프에 띄우면 빵이 수분을 과다하게 흡수하여 뻑뻑해지므로 유의한다.

# 포테이토 크림 수프

# Potato Cream Soup

시험시간 30분

**요구사항**

※ 주어진 재료를 사용하여 다음과 같이 포테이토 크림 수프를 만드시오.

- 완성된 수프의 양이 200mL 정도 되도록 하시오.
- 수프의 색과 농도를 맞추시오.
- 크루통(crouton)의 크기는 사방 0.8~1cm 정도로 만들고 버터에 볶아 수프에 띄우시오.
- 익힌 감자는 체에 내려 사용하시오.

**수험자 유의사항**

- 수프의 농도를 잘 맞추어야 한다.
- 수프를 끓일 때 생기는 거품을 걷어 내야 한다.
- 조리작품 만드는 순서는 틀리지 않게 하여야 한다.

## 재료

감자 1개, 대파 1토막, 양파 ¼개, 버터 15g, 치킨 스톡 270mL, 생크림 20g, 식빵 1조각, 소금 2g, 흰 후춧가루 1g, 월계수잎 1잎

## 만드는 법

1 감자는 껍질을 벗겨서 얄팍하게 썬 후 찬물에 담가 둔다.

2 양파와 대파 흰 부분도 얇게 썬다.

3 식빵은 0.8~1cm의 크기로 잘라 팬에 버터 두르고 약불에서 노릇하게 토스트한다(크루통). ❶

4 크림을 준비해 둔다. ❷

5 소스 냄비에 버터를 넣고 양파와 대파를 넣어서 볶다가 감자를 넣고 볶은 후 육수를 붓고 월계수잎을 넣어 뭉근히 끓인다. ❸

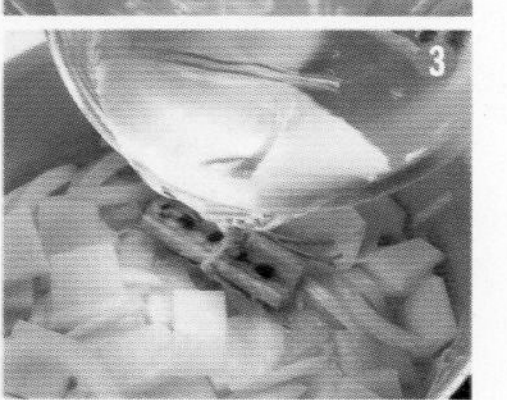

6 감자가 푹 익으면 월계수잎을 건져내고 체에 내린다. ❹

7 거른 것을 냄비에 담아 농도를 맞춘 후 소금, 후춧가루로 간을 한다. 불을 끄고 생크림 섞은 것을 넣고 잘 저어 준다. ❺

8 수프 접시에 담고 크루통을 띄워 낸다.

TIP

1 크루통(crouton)이란 식빵을 0.8~1cm 크기로 잘라 오븐에 굽거나 기름에 튀겨 갈색이 나도록 만든 것을 말한다.
2 버터에 양파와 파를 볶을 때 색이 나지 않도록 불의 세기에 주의한다. 버터는 고열에 잘 타므로 식용유를 약간 넣어 볶기도 한다.
3 불이 너무 세면 양이 줄어들므로 은근한 불에서 뚜껑을 덮고 익힌다.
4 파의 파란 부분을 사용하면 수프의 색깔이 파래지므로 흰 부분만 사용한다.
5 감자가 충분히 잘 익어야 체에 잘 내려진다.
6 크림 수프는 마무리 단계에 크림을 첨가하면 부드러움을 더해 준다.

# 샐러드 부케를 곁들인 참치 타르타르와 채소 비네그레트

# Tuna Tartar with Salad Bouquet and Vegetable Vinaigrette

시험시간 30분

**요구사항**

※ 주어진 재료를 사용하여 다음과 같이 샐러드 부케를 곁들인 참치 타르타르와 채소 비네그레트를 만드시오.

- 참치는 꽃소금을 사용하여 해동하고, 3~4mm 정도의 작은 주사위 모양으로 썰어 양파, 그린올리브, 케이퍼, 처빌 등을 이용하여 타르타르를 만드시오.
- 채소를 이용하여 샐러드 부케를 만드시오.
- 참치 타르타르는 테이블 스푼 2개를 사용하여 퀜넬 형태로 3개를 만드시오.
- 비네그레트는 양파, 붉은색과 노란색의 파프리카, 오이를 가로세로 2mm 정도의 작은 주사위 모양으로 썰어서 사용하고 파슬리와 딜은 다져서 사용하시오.

**수험자 유의사항**

- 썰은 참치의 핏물 제거와 색의 변화에 유의하시오.
- 샐러드 부케 만드는 것에 유의하시오.
- 조리작품 만드는 순서는 틀리지 않게 하여야 한다.

## 재료

붉은색 참치살 80g, 양파 ⅛개, 그린올리브 2개, 케이퍼 5개, 올리브오일 25mL, 레몬 ¼개, 핫소스 5mL, 처빌 2줄기, 꽃소금 5g, 흰 후춧가루 3g, 차이브 5줄기, 롤라로사(lollo rossa) 2잎, 그린치커리 2줄기, 붉은색 파프리카 ¼개, 노란색 파프리카 ⅛개, 오이 ⅒개, 파슬리 1줄기, 딜 3줄기, 식초 10mL

지참준비물 추가 테이블스푼 2개{퀜넬용, 머리 부분 가로 6cm, 세로(폭) 3.5~4cm 정도} 

## 만드는 법

1 냉동 참치는 연한 소금물에 잠시 담가 해동시켜 마른 면포에 싸서 핏물을 제거한 다음 가로세로 3~4mm 정도의 작은 주사위 모양으로 자른다. ❶

2 롤라로사, 치커리, 처빌, 차이브는 씻은 후 찬물에 담가 신선하게 한 후 물기를 제거한다. 홍·황파프리카는 0.5㎝ 너비로 파프리카 길이로 썬다. 물기를 제거한 롤라로사에 치커리와 처빌, 차이브를 얹고 홍·황파프리카 썬 것을 높낮이 달리하여 자연스럽게 얹어 감싼다. 차이브의 일부는 데쳐서 밑동을 돌돌 말아 묶고 끝을 살짝 잘라 정리하여 샐러드 부케를 만든다. 오이는 2~2.5cm 원형으로 토막을 내서 씨를 도려내고 그 홈에 말아둔 샐러드 부케를 꽂아 고정시킨다. ❷

3 양파는 다져서 연한 소금물에 담가 매운맛 제거 후 물기를 뺀다. 오이, 홍·황 파프리카는 가로 세로 0.2cm 정도의 작은 주사위 모양으로 썰고 파슬리와 딜은 다진다. 둥근 볼에 준비한 채소와 올리브오일, 식초, 소금, 흰 후춧가루를 넣고 함께 섞어 채소 비네그레트를 완성한다. ❸

4 매운맛을 제거한 다진 양파, 씨를 뺀 그린올리브, 케이퍼, 처빌은 다진다. 둥근 볼에 주사위 모양으로 썬 참치와 다진 재료에 레몬즙, 올리브오일, 핫소스, 소금, 흰 후춧가루를 넣고 부드럽게 섞어 참치 타르타르를 만든다.

5 접시 가운데에 샐러드 부케를 놓고 스푼 2개를 이용하여 여러 번 반복해서 럭비공 모양의 퀜넬 형태가 나오면(3개) 참치를 떠낸 스푼을 바닥 가까이 데고 다른 스푼을 위에서 모양이 유지되도록 샐러드 부케 주변에 밀어 담고 채소 비네그레트를 뿌려 낸다. ❹

**TIP**

1 냉동 참치는 연한 소금물에 살짝 담가 해동시킨다. 너무 일찍 썰거나 무치면 색이 변하므로 유의한다.
2 데친 차이브로 샐러드 부케의 밑동을 묶을 때는 2바퀴 이상 돌려서 묶어야 풀리지 않는다.

# 채소로 속을 채운 훈제연어롤

## *Smoked Salmon Roll with Vegetables*

시험시간 40분

**요구사항**

※ 주어진 재료를 사용하여 다음과 같이 훈제연어롤을 만드시오.

- 주어진 훈제연어를 슬라이스하여 사용하시오.
- 당근, 셀러리, 무, 홍피망, 청피망을 두께 0.3cm 정도로 채 써시오.
- 채소로 속을 채워 롤을 만드시오.
- 롤을 만든 뒤 일정한 크기로 6등분하여 제출하시오.
- 생크림, 겨자무(홀스래디시), 레몬즙을 이용하여 만든 홀스래디시 크림, 케이퍼, 레몬웨지, 양파, 파슬리를 곁들이시오.

**수험자 유의사항**

- 훈제연어 기름 제거에 유의한다.
- 슬라이스한 훈제연어의 살이 갈라지지 않도록 한다.
- 롤은 일정한 두께로 만든다.
- 조리작품 만드는 순서는 틀리지 않게 하여야 한다.

## 재료

훈제연어 150g, 당근 40g, 셀러리 15g, 무 15g, 홍피망 ⅛개, 청피망 ⅛개, 양파 ⅛개, 겨자무(홀스래디시) 10g, 양상추 15g, 레몬 ¼개, 생크림 50g, 파슬리 1줄기, 소금 5g, 흰 후춧가루 5g, 케이퍼 6개

지참준비물 추가 연어 나이프(일반 조리용 칼로 대체 가능)

## 만드는 법

1 훈제연어는 두께 0.2cm로 얇게 슬라이스하고 종이타월로 살짝 눌러 기름을 제거한다. ❶

2 당근, 셀러리, 무, 홍피망, 청피망은 두께 0.3cm 정도로 채 썬다. ❷

3 생크림은 거품기로 충분히 거품을 내어 휘핑크림을 만들고 물기를 꼭 짠 홀스래디시, 레몬즙, 소금, 흰 후춧가루를 넣어 농도가 되직하도록 섞어 홀스래디시 크림을 만든다. ❸

4 양상추는 적당한 크기로 뜯어 찬물에 담가 싱싱하게 하고, 파슬리도 찬물에 담가 둔다. 양파는 다지고 옅은 소금물에 담갔다 건져 물기를 뺀다.

5 도마 위에 랩을 깔고 슬라이스한 연어를 놓은 다음 채 썬 당근, 샐러리, 무, 홍피망, 청피망을 얹어 일정한 두께로 둥글게 만다. 둥근 형태를 유지하며 일정한 크기로 6등분한다. ❹❺

6 접시에 물기를 제거한 양상추와 연어롤을 담고 홀스래디시 크림, 양파, 파슬리, 레몬, 케이퍼를 곁들인다.

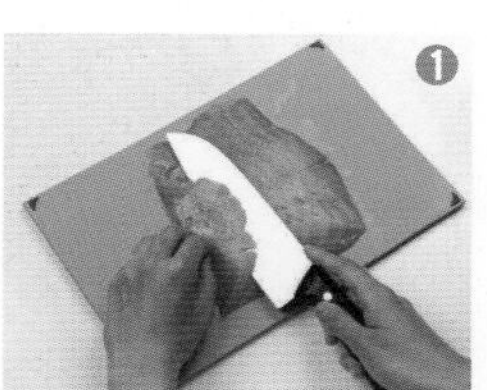
❶

❷

❸

❹

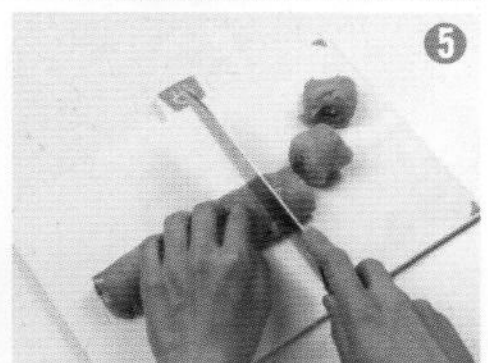
❺

**TIP**

1 훈제연어는 살짝 언 상태에서 얇게 슬라이스해야 살이 갈라지지 않는다. 기름기는 종이타월로 살짝 누르면서 제거한다.

2 홀스래디시는 물기를 꼭 짜고 생크림은 충분히 거품을 올려서 섞어야 홀스래디시 크림이 질어지지 않는다.

3 연어 속에 채우는 모든 채소는 일정한 두께로 썰고 특히 청·홍피망은 속살을 포를 떠서 사용해야 색이 곱고 두께도 고르다.

# 해산물 샐러드

## *Seafood Salad*

시험시간 30분

**요구사항**

※ 주어진 재료를 사용하여 다음과 같이 해산물 샐러드를 만드시오.

- 미르포아(mirepoix), 향신료, 레몬을 이용하여 쿠르부용(court bouillon)을 만드시오.
- 해산물은 손질하여 쿠르부용(court bouillon)에 데쳐 사용하시오.
- 샐러드 채소는 깨끗이 손질하여 싱싱하게 하시오.
- 레몬 비네그레트는 양파, 레몬즙, 올리브오일 등을 사용하여 만드시오.

**수험자 유의사항**

- 조리작품 만드는 순서는 틀리지 않게 하여야 한다.
- 숙련된 기능으로 맛을 내야 하므로 조리작업 시 음식의 맛을 보지 않는다.

## 재료

새우 3마리(30~40g), 관자살 1개, 피홍합 3개, 중합 3개, 양파 ¼개, 마늘 1쪽, 실파 20g, 그린치커리 2줄기, 양상추 10g, 롤라로사(lollo rossa) 2잎, 올리브오일 20mL, 레몬 ¼개, 식초 10mL, 딜 2줄기, 월계수잎 1잎, 셀러리 10g, 흰 통후추 3개, 소금 5g, 흰 후춧가루 5g, 당근 15g

## 만드는 법

1 양상추, 롤라로사, 그린치커리는 씻어 물에 담근 후 물기를 제거하고, 한입크기로 뜯어둔다. ❶

2 양파, 당근, 셀러리는 채 썰어 미르포아를 만들고, 마늘은 다지고, 실파는 2.5cm 길이로 썬다. 냄비에 물을 담고, 양파, 당근, 셀러리, 마늘, 실파와 월계수잎, 흰 통후추, 레몬 1쪽을 넣고 끓여 쿠르부용을 만든다.

3 새우는 소금물에 흔들어 씻고 등쪽의 내장을 꼬치로 빼낸다. 쿠르부용에 넣어 삶아 익힌 후 꼬리 한 마디만 남기고 껍질을 벗긴다.

4 피홍합과 중합은 연한 소금물에 해감시킨 후 쿠르부용에 삶아 건져내어 식힌 다음 살을 꺼낸다. 관자는 질긴 막을 제거하고 두께 0.3cm의 원형 그대로 썰어 쿠르부용에 살짝 삶아 꺼내고 바로 식힌다. ❷

5 양파는 곱게 다져 연한 소금물에 담가 매운맛을 제거한 후 물기를 뺀다. 양파의 일부와 레몬즙과 올리브오일, 소금, 흰 후춧가루를 넣고 분리되지 않게 거품기로 잘 섞어 레몬 비네그레트를 만든다(딜은 잎만 떼어 굵게 다지듯 썰고 레몬 비네그레트에 섞어 준다). ❸

6 접시에 채소와 데친 해산물을 담고 레몬 비네그레트를 뿌려 낸다.

**TIP**

1 쿠르부용은 물에 다양한 채소와 향신료, 레몬 주스, 술, 식초 등을 넣고 끓인 것으로 생선이나 해산물을 데치는 데 사용된다.

2 레몬 비네그레트 드레싱은 레몬즙과 다진 양파, 올리브유, 식초, 소금과 흰 후춧가루를 넣어 분리되지 않도록 잘 섞은 드레싱이다.

3 해산물의 모양을 내기 위해 새우 한 마리는 머리를 붙여서 장식하고, 피홍합과 중합은 삶아 익힌 후 반으로 갈라서 살과 껍질이 붙은 것을 샐러드에 사용한다.

# 시저 샐러드

## *Caesar Salad*

**요구사항**

※ 주어진 재료를 사용하여 다음과 같이 시저 샐러드를 만드시오.

- 마요네즈(100g), 시저 드레싱(100g), 시저 샐러드(전량)를 만들어 3가지를 각각 별도의 그릇에 담아 제출하시오.
- 마요네즈(mayonnaise)는 달걀노른자, 카놀라오일, 레몬즙, 디존 머스터드, 화이트와인식초를 사용하여 만드시오.
- 시저드레싱(caesar dressing)은 마요네즈, 마늘, 앤초비, 검은 후춧가루, 파미지아노 레기아노, 올리브오일, 디존 머스터드, 레몬즙을 사용하여 만드시오.
- 파미지아노 레기아노는 강판이나 채칼을 사용하시오.
- 시저 샐러드(caesar salad)는 로메인 상추, 곁들임{크루통(1 × 1cm), 구운 베이컨(폭 0.5cm), 파미지아노 레기아노}, 시저 드레싱을 사용하여 만드시오.

**수험자 유의사항**

- 조리작품 만드는 순서는 틀리지 않게 하여야 한다.
- 숙련된 기능으로 맛을 내야 하므로 조리작업 시 음식의 맛을 보지 않는다.

## 재료

달걀(60g 정도) 2개, 디존 머스터드 20g, 레몬 1개, 로메인 상추 80g, 마늘 2쪽, 베이컨 15g, 앤초비 3개, 올리브오일(extra virgin) 40mL, 카놀라오일 400mL, 식빵(슬라이스) 1개, 검은 후춧가루 5g, 파미지아노 레기아노(덩어리) 20g, 화이트와인식초 20mL, 소금 10g

## 만드는 법

1 로메인 상추는 세척 후 찬물에 담가 싱싱해지면 수분을 제거하여 먹기 좋은 크기로 찢는다. ❶

2 베이컨은 폭 0.5㎝ 정도의 크기로 잘라 팬에 타지 않게 구워 기름을 뺀다.

3 식빵은 가로, 세로 1㎝로 썰어 프라이팬에 노릇하게 구워 크루통을 만든다. ❷

4 파미지아노 레기아노는 강판을 사용하여 간다.

5 물기 없는 볼에 달걀노른자를 넣고 계량한 카놀라오일을 조금씩 넣으면서 계속 거품기로 동일한 방향으로 저으면서 농도가 되직해지면 레몬즙, 디존머스터드, 소금, 후추를 사용하여 마요네즈를 만든다. 완성된 마요네즈 100g을 그릇에 담는다. ❸

6 **5**의 마요네즈를 기본으로 하여 소금, 후추, 다진 앤초비, 다진 마늘, 디종머스터드, 올리브유, 화이트와인, 레몬즙, 파미지아노레기아노를 넣어 시저드레싱을 만든 후 완성된 시저드레싱 100g을 그릇에 담는다.

7 볼에 물기를 제거한 로메인 상추, 일부의 베이컨, 시저 드레싱을 넣고 버무려 접시에 담고 곁들임인 크루통, 베이컨을 얹고 파미지아노 레기아노를 위에 뿌려 전량 제출한다. ❹

**TIP**

1 채소의 신선함을 유지하기 위해 제출하기 직전에 버무린다.
2 마요네즈와 시저 드레싱은 별도 제출해야 하므로 만드는 양에 유의한다.
3 앤초비는 곱게 다져 사용한다.

# 스파게티 카르보나라

# *Spaghetti Carbonara*

**요구사항**

※ 주어진 재료를 사용하여 다음과 같이 스파게티 카르보나라를 만드시오.

- 스파게티 면은 알 단테(al dante)로 삶아서 사용하시오.
- 파슬리는 다지고 통후추는 곱게 으깨서 사용하시오.
- 베이컨은 1cm 정도 크기로 썰어, 으깬 통후추와 볶아서 향이 잘 우러나게 하시오.
- 생크림은 달걀노른자를 이용한 리에종(liaison)과 소스에 사용하시오.

**수험자 유의사항**

- 크림에 리에종을 넣어 소스 농도를 잘 조절하며, 소스가 분리되지 않도록 한다.
- 조리작품 만드는 순서는 틀리지 않게 하여야 한다.

## 재료

스파게티면 80g, 올리브오일 20mL, 버터 20g, 생크림 180mL, 베이컨 2개, 달걀 1개, 파마산 치즈가루 10g, 파슬리 1줄기, 소금 5g, 검은 통후추 5개, 식용유 20mL

## 만드는 법

1 베이컨은 길이 1cm로 썰고, 통후추는 곱게 으깬다. 파슬리는 잎을 다져 면포에 싸서 물에 헹구어 짜고 파슬리가루를 만든다.

2 생크림 3큰술에 달걀노른자를 넣어 리에종소스를 만든다.

3 냄비에 물을 끓여 소금을 넣고 스파게티면은 8~10분 정도 알 단테로 삶아 찬물에 헹구지 않고 체에 건져 놓는다.

4 팬에 올리브오일과 버터를 두르고 베이컨, 통후추를 넣어 볶는다. 생크림을 넣고 끓으면 삶은 스파게티를 넣고 끓인 후 파마산 치즈가루를 넣고 소금간을 한다. ❶❷

5 불을 끄고 리에종 소스를 넣어 잘 섞은 후 접시에 담아 파슬리가루를 뿌린다. ❸❹

**TIP**

리에종은 불을 끄고 넣어야 달걀노른자가 자연스럽게 섞인다.

# 토마토 소스 해산물 스파게티

## Seafood Spaghetti Tomato Sauce

**요구사항**

※ 주어진 재료를 사용하여 다음과 같이 토마토 소스 해산물 스파게티를 만드시오.

- 스파게티 면은 알 단테(al dante)로 삶아서 사용하시오.
- 조개는 껍질째, 새우는 껍질을 벗겨 내장을 제거하고, 관자살은 편으로 썰고, 오징어는 0.8×5cm 정도 크기로 썰어 사용하시오.
- 해산물은 화이트와인을 사용하여 조리하고, 마늘과 양파는 해산물 조리와 토마토 소스 조리에 나누어 사용하시오.
- 바질을 넣은 토마토 소스를 만들어 사용하시오.
- 스파게티는 토마토 소스에 버무리고 다진 파슬리와 슬라이스 한 바질을 넣어 완성하시오.

**수험자 유의사항**

- 토마토 소스는 자작한 농도로 만들어야 한다.
- 스파게티는 토마토 소스와 잘 어우러지도록 한다.
- 조리작품 만드는 순서는 틀리지 않게 하여야 한다.

### 재료

스파게티면 70g, 토마토(캔) 300g, 마늘 3쪽, 양파(중, 150g 정도) 1/2개, 바질 4잎, 파슬리 1줄기, 방울토마토 2개, 올리브오일 40mL, 새우 3마리(껍질째), 모시조개 3개, 오징어 50g, 관자살 50g, 화이트와인 20mL, 소금 5g, 후추 5g, 식용유 20mL

### 만드는 법

1 냄비에 물을 끓여 소금을 넣고 스파게티면을 8~10분간 삶아 체에 건져 놓는다. 스파게티 삶은 물 2~3Ts 남겨 두었다가 최종 농도조절에 이용하기도 한다. ❶

2 모시조개는 씻은 후 옅은 소금물에 담가 해감하고, 새우는 둘째 마디의 내장 제거 후 꼬리쪽 한마디를 남기고 껍질을 벗긴다. 오징어는 껍질을 벗겨 0.8×5cm 크기로 썰고, 관자살은 막을 제거하고 0.8cm 두께로 썬다.

3 마늘은 곱게 다진다. 양파도 다진다. 방울토마토는 4등분하고, 홀토마토는 다진다.

4 파슬리는 잎을 곱게 다져 면포에 싸서 물에 헹궈 꼭 짜서 파슬리가루를 만들고, 바질은 채 썬다.

5 팬을 달구어 올리브오일 1큰술을 넣고 다진 마늘과 양파를 볶아 향을 내고 채 썬 바질의 반을 넣고 방울토마토와 홀토마토를 넣고 끓여 토마토 소스를 만든다. ❷

6 팬에 올리브오일 1큰술을 두르고 다진 마늘과 양파를 볶다가 손질한 해산물을 넣어 센 불에서 볶고 화이트와인을 넣고 해산물을 익힌다. ❸

7 **6**에 **5**의 토마토 소스를 넣고 끓으면 삶은 스파게티면을 넣고 (농도조절 필요시 **1**의 스파게티 삶은 물 사용) 소금, 흰 후춧가루를 넣고 섞은 후 접시에 담고 남겨둔 채 친 바질을 얹고 파슬리가루를 뿌린다. ❹❺

**TIP**

스파게티는 삶아서 찬물에 헹구지 않고, 올리브오일 한 스푼을 넣고 잘 버무리면 면끼리 달라붙는 것을 방지할 수 있다.

# REFERENCE

### 국내문헌


김헌철, 임동진, 손선익, 김남수, 김동수(2015). NCS 교육과정에 기반한 기초 서양조리. 훈민사.

나영선(2016). NCS 기반 양식조리기초. 백산출판사.

염진철, 이상정, 오석태, 경영일, 고기철, 권오천, 구본길, 문문술, 임성빈, 정수근, 장상준(2016). 전문조리사가 되기 위해 꼭 알아야 할 기초서양조리-이론과 실기. 백산출판사.

최수근, 최혜진(2011). 셰프가 추천하는 54가지 향신료 수첩. 현학사.

한국브리태니커(2008). 브리태니커 비주얼사전. 한국브리태니커.

한국식품과학회(2008). 식품과학기술대사전. 한국식품과학회.


### 국외문헌




Bridge T(1998). What's Cooking –Chicken. Thunder Bay Press. USA.

Briffard, Eric(2014). Le Cinq. ACC Distribution. France.

Cantu, Homaro(2017). Moto: The Cookbook. Little Brown and Company. USA.

Cucchiaio D'Argento English(2011). The Silver Spoon(Cookery). Phaidon Press. Austria.

Eataly(2016). Eataly. Phaidon Press. Austria.

Fox, Jermy(2017). On Vegetables. Phaidon Press. Austria.

Fox, Jermy(2017). On Vegetables. Phaidon Press. Austria.

Gisslen W(2001). Professional Baking. John Wiley & Sons, Inc. USA.

Keller T(2006). Under Pressure-Cooking Sous Vide. Artisan. USA.
Labensky S. R, Hause A. M, Labensky S(1998). On Cooking(2nd ed.). Prentice Hall. USA.
Lopez-Alt, J Kenji(2015). The Food Lab. W. W. Norton & Company. USA.
McGee H(2004). On Food And Cooking- The Science and Lore of the Kitchen. Scribner. USA.
McWilliams M(2006). Illustrated Guide To Food Preparation(9th ed.). Pearson Prentice Hall. USA.
Myhrvold N, Young C, Bilet M(2011). Modernist Cuisine. The Cooking lab, Llc. USA
Page, Keren/ Dornenburg, Andrew, Page, Karen, Salzman, Barry(2008). The Flavor Bible. Little Brown and Company. USA.
Page, Keren(2017). Kitchen Creativity. Little Brown and Company. USA.
Pike, charlotte(2017). Smoking Hot & Cold. Kyle Cathie Limited. France.
Passedat(2014). Passdat. Des Abysses A La Lumiere. Falmmarion. France
Provost J. J, Colabroy K. Kelly B. S, Wallert M. A(2016). The Science of Cooking- Understanding the Biology and Chemistry Behind Food and Cooking. John Wiley & Sons, Inc. USA.
Ryan T(2002). The Professional Chef -The Culinary Institute of America(7th ed.). John Wiley & Sons, Inc. USA.
Sailhac A. F(1997). Cooking with Great Cooks. Laurel Glen Publishing. USA.
The Culinary Institute of America(2011). The Professional Chef(9th ed.). Wiley & Sons, Inc. USA.
The Reader's Digest(1986). Magic And Medicine Of Plants. The reader's digest association, Inc. USA.
Turner L(2005). Cook's Companion. Paragon Books Ltd. UK.
Weight Watchers(1998). New Complete Cookbook. Macmillan. USA.
White A(2000). What's Cooking- Mediterranean. Thunder Bay Press. USA.
Whitecap Books(2003). The Essential Vegetarian Cookbook. Whitecap Books Ltd. USA.
Wright J, Treuille E(1996). Le Cordon Bleu Complete Cooking Techniques. William Morrow And Company, Inc. USA.



### 웹사이트

National pasta association. Available from: https://www.ilovepasta.org/
Shutter stock. Available from: https://www.shutterstock.com/ko/
The A-Z guide to cooking with whole grains. Oldways Whole Grains Council. Available from: https://wholegrainscouncil.org/sites/default/files/atoms/files/WGC-A-Z_GuideCookingWholeGrains.pdf

# INDEX

저자 소개

**주나미**
숙명여자대학교 식품영양학과 교수

**백재은**
부천대학교 식품영양과 교수

**윤지영**
숙명여자대학교 르꼬르동블루 외식경영전공 교수

**정희선**
숙명여자대학교 전통식생활문화전공 교수

# 오감으로 배우는 서양조리

2018년 3월 2일 초판 발행 | 2022년 2월 28일 초판 2쇄 발행

**지은이** 주나미 외 | **펴낸이** 류원식 | **펴낸곳** **교문사**

**편집팀장** 김경수 | **디자인** 신나리 | **본문편집** 벽호미디어

**주소** (10881)경기도 파주시 문발로 116 | **전화** 031-955-6111 | **팩스** 031-955-0955
**홈페이지** www.gyomoon.com | **E-mail** genie@gyomoon.com
**등록** 1968. 10. 28. 제406-2006-000035호
**ISBN** 978-89-363-1701-0(93590) | **값** 24,800원

* 저자와의 협의하에 인지를 생략합니다.
* 잘못된 책은 바꿔 드립니다.